유형
PocKet

유형PocKet 중등 1-1 수학 중간고사

발행일 2020년 2월 21일

지은이 이은찬
펴낸이 손형국
펴낸곳 (주)북랩
편집인 선일영 편집 강대건, 최예은, 최승헌, 김경무, 이예지
디자인 이현수, 한수희, 김민하, 김윤주, 허지혜 제작 박기성, 황동현, 구성우, 장홍석
마케팅 김회란, 박진관, 조하라, 장은별
출판등록 2004. 12. 1(제2012-000051호)
주소 서울특별시 금천구 가산디지털 1로 168, 우림라이온스밸리 B동 B113~114호, C동 B101호
홈페이지 www.book.co.kr
전화번호 (02)2026-5777 팩스 (02)2026-5747

ISBN 979-11-6539-104-1 53410 (종이책) 979-11-6539-105-8 55410 (전자책)

잘못된 책은 구입한 곳에서 교환해드립니다.

중간고사

유형 PocKet

이은찬 지음

반복 학습의 끝판왕!
한 권으로 두 권을 푼다!

북랩book Lab

구성

PocKet ① → PocKet ① 다시 풀기

일반 문제기본서

유형1 거듭제곱으로 나타내기

1 다음 중 옳은 것은?

① $3\times3\times3\times5\times5=3^2\times5^3$
② $5+5+5=5^3$
③ $4\times4\times4=4\times3$
④ $\frac{1}{2}\times\frac{1}{2}\times\frac{1}{7}\times\frac{1}{7}\times\frac{1}{7}=\frac{1}{2^2}\times\frac{1}{7^3}$
⑤ $11\times11\times11\times11=4^{11}$

2 $3\times3\times5\times5\times5\times7\times7=3^a\times5^b\times c^2$이 성립할 때, 이를 만족하는 자연수 a, b, c에 대하여 $c-a+b$의 값을 구하여라.

3 $\frac{1}{3^a}=\frac{1}{81}$, $7^b=343$을 만족하는 자연수 a, b에 대한 $a-b+10$의 값을 구하시오.

4 23^{107}의 일의 자리의 숫자는?

유형2 소수와 합성수

5 다음 중 옳은 것은?

① 소수는 모두 홀수이다.
② 자연수는 소수와 합성수로 이루어져 있다.
③ 15 미만의 소수는 6개이다.
④ 가장 작은 소수는 1이다.
⑤ 합성수는 약수가 2개이다.

6 다음 중 소수가 아닌 것은? (정답 2개)

① 9 ② 13 ③ 17
④ 51 ⑤ 59

7 다음 중 옳은 것을 모두 고르시오. (정답 2개)

① 3의 배수는 모두 합성수이다.
② 13 이하의 소수는 모두 홀수이다.
③ 짝수는 모두 합성수이다.
④ 약수가 3개 이상인 자연수는 합성수이다.
⑤ 39의 약수 중 소수는 2개이다.

유형PocKet

PocKet ①

① 소인수분해

01

1 다음 중 옳은 것은?

① $3\times3\times3\times5\times5=3^2\times5^3$
② $5+5+5=5^3$
③ $4\times4\times4=4\times3$
④ $\frac{1}{2}\times\frac{1}{2}\times\frac{1}{7}\times\frac{1}{7}\times\frac{1}{7}=\frac{1}{2^2}\times\frac{1}{7^3}$
⑤ $11\times11\times11\times11=4^{11}$

거듭제곱으로 나타내기

2 $3\times3\times5\times5\times5\times7\times7=3^a\times5^b\times c^2$이 성립할 때, 이를 만족하는 자연수 a, b, c에 대하여 $c-a+b$의 값을 구하여라.

02

3 다음 중 옳은 것은?

① 소수는 모두 홀수이다.
② 자연수는 소수와 합성수로 이루어져 있다.
③ 15 미만의 소수는 6개이다.
④ 가장 작은 소수는 1이다.
⑤ 합성수는 약수가 2개이다.

소수와 합성수

PocKet ②

① 소인수분해

01

1 $\frac{1}{3^a}=\frac{1}{81}$, $7^b=343$을 만족하는 자연수 a, b에 대한 $a-b+10$의 값을 구하시오.

거듭제곱으로 나타내기

2 23^{107}의 일의 자리의 숫자는?

02

3 다음 중 옳은 것을 모두 고르시오. (정답 2개)

① 3의 배수는 모두 합성수이다.
② 13 이하의 소수는 모두 홀수이다.
③ 짝수는 모두 합성수이다.
④ 약수가 3개 이상인 자연수는 합성수이다.
⑤ 39의 약수 중 소수는 2개이다.

소수와 합성수

PocKet ②	PocKet ② 다시 풀기	답만 보기	오답 풀이

특징

01 PocKet ①, PocKet ②로 나눈다.

일반 문제기본서에 유형별로 배치된 4~6문제를 2~3문제씩 각각 두 부분으로 나누고, 앞 2~3문제는 'PocKet ①' 으로 뒤의 2~3문제는 'PocKet ②' 로 각각 나누어 담습니다.
이렇게 전체 시험 범위 문제를 담은 PocKet ①, PocKet ② 두 권의 책이 만들어집니다.

02 왜 PocKet ①, PocKet ②로 나누는가?

나누어진 PocKet ①과 PocKet ②의 유형별 문제 수는 일반 문제기본서의 절반이하로 줄어들게 되고, 줄어든 문제 수만큼 시험범위 전체를 좀 더 빠르게 풀 수 있게 되고 또한 앞의 내용을 잊게 되는 경우도 줄어드는 효과를 얻게 됩니다.

03 왜 똑같은 문제를 2번 푸는 걸까?

똑같은 문제를 2번 반복해서 빠르게 풀어봄으로써 문제 풀이 방법을 잊지 않고 기본을 다지는 효과를 얻기 위함입니다. 똑같은 문제를 2번 풀기 때문에 특별한 경우를 제외하고는 모든 문제는 주관식으로 구성됩니다.

책 사용법

■ 정석

PocKet ① ▷ PocKet ① 다시 풀기 ▷ 오답풀이에 오답체크 ▷ PocKet ② ▷ PocKet ② 다시 풀기 ▷ 오답풀이에 오답체크 ▷ 오답풀이

■ 문제가 많다고 느껴질 때

PocKet ① ▷ PocKet ① 다시 풀기 ▷ 오답풀이에 오답체크 ▷ 오답풀이

※ 오답풀이는 잘라서 사용하세요!

c o n t e n t s

PocKet 1

① 소인수분해

유형 01

1 다음 중 옳은 것은?

① $3\times3\times3\times5\times5=3^2\times5^3$

② $5+5+5=5^3$

③ $4\times4\times4=4\times3$

④ $\frac{1}{2}\times\frac{1}{2}\times\frac{1}{7}\times\frac{1}{7}\times\frac{1}{7}=\frac{1}{2^2}\times\frac{1}{7^3}$

⑤ $11\times11\times11\times11=4^{11}$

2 $3\times3\times5\times5\times5\times7\times7=3^a\times5^b\times c^2$이 성립할 때, 이를 만족하는 자연수 a, b, c에 대하여 $c-a+b$의 값을 구하여라.

유형 02

3 다음 중 옳은 것은?

① 소수는 모두 홀수이다.

② 자연수는 소수와 합성수로 이루어져 있다.

③ 15 미만의 소수는 6개이다.

④ 가장 작은 소수는 1이다.

⑤ 합성수는 약수가 2개이다.

4 다음 중 소수가 <u>아닌</u> 것은? (정답 2개)

① 9 ② 13 ③ 17

④ 51 ⑤ 59

유형 03

5 252를 소인수분해하시오.

6 다음 중 소인수분해한 것으로 옳지 <u>못한</u> 것은?

① $48=2^4\times3$ ② $32=2^5$

③ $100=2^2\times5^2$ ④ $120=2^3\times3^2\times5$

⑤ $240=2^4\times3\times5$

7 360을 소인수분해하면 $2^3\times a^2\times b$이다. 자연수 a, b에 대한 $a\times b$의 값은?

유형 04

8 다음 주어진 수의 소인수를 모두 구하시오.

(1) 54 (2) 84 (3) 90

9 다음 중 1540의 소인수가 아닌 것은?

① 2 ② 3 ③ 5 ④ 7 ⑤ 11

유형 05

10 다음 수에 자연수를 곱하여 어떤 자연수의 제곱이 되게 할 때, 곱해야 하는 가장 작은 자연수를 구하여라.

360

11 $3^3 \times 5 \times x$는 어떤 수의 제곱이 된다고 한다. 이때 제곱이 되도록 하는 가장 작은 자연수 x의 값을 구하여라.

12 675를 자연수 x로 나누면 어떤 자연수의 제곱이 된다고 할 때, 자연수 x의 값이 될 수 없는 것을 고르시오.

① 3 ② 27 ③ 25 ④ 75 ⑤ 675

유형 06

13 다음 중 180의 약수가 아닌 것을 고르시오.

① $2^2 \times 3^2$ ② $2 \times 3 \times 5$ ③ $3^2 \times 5$

④ $2^3 \times 3 \times 5$ ⑤ 20

14 다음은 72의 약수를 구하기 위해 만든 표이다. 이에 대한 설명으로 옳지 않은 것을 골라 주세요.

×	1	2		ⓐ
1				
			ⓒ	
ⓑ		ⓓ		

① ⓐ는 2^3이다.

② ⓑ는 3^2이다.

③ ⓒ는 12이다.

④ 약수의 개수는 (4×3)개이다.

⑤ ⓓ는 72의 소인수이다.

15 다음 수의 약수의 개수 구하기

① $2^2 \times 3^4$ ② $2 \times 3 \times 5^2$

③ 180 ④ $2 \times 9 \times 11$

16 다음 중 옳은 것을 모두 고르시오. (정답은 2개)

① 108의 약수의 개수는 6개이다.

② $2^3 \times 5^2$의 약수의 개수는 12개이다.

③ $28 = 4 \times 7$이므로 약수의 개수는 4개이다.

④ 90의 약수 개수는 12개이다.

⑤ 6×5의 약수의 개수는 4개이다.

유형 07

17 다음 두 수의 최대공약수를 구하시오.

$$3^2\times5^2\times7^3 \qquad 2\times3\times5^3$$

18 다음 세 수 $2^2\times3^3$, $2^2\times3^2\times5$, $2^3\times3^2\times7$의 최대공약수를 구하여라.

유형 08

19 다음 두 수 72, $2^2\times3^3\times5$의 공약수가 <u>아닌</u> 것은?

① 2^2　② 3^2　③ $2^2\times3$
④ $2^2\times3^2$　⑤ $2\times3\times5$

20 두 수 150, 504의 공약수의 개수를 구하여라.

유형 09

21 다음 중 두 수가 서로소인 것은?

① 18, 21　② 31, 62　③ 26, 65
④ 23, 75　⑤ 12, 45

22 다음 중 27과 서로소인 것은?

① 3　② 9　③ 25　④ 45　⑤ 54

유형 10

23 두 수 $3^x\times5^3\times7$, $3^4\times5^y\times7$의 최대공약수가 $3^3\times5^2\times7$이라고 할 때, 자연수 x, y에 대하여 $x-y$의 값은?

유형 11

24 두 수 $3^2\times5\times7^2$, $3^3\times5^2\times7$의 최소공배수를 구하여라.

25 세 자연수 24, $2^2\times3\times7$, $2^2\times3^2\times5$의 최소공배수를 구하시오.

유형 12

26 다음 중 두 수 $2^3\times3^2\times5\times7$, $2^2\times3\times7^3$의 공배수인 것은?

① $2^2\times3\times5\times7$ ② $2^3\times3\times7$
③ $2^3\times3^3\times5\times7^3$ ④ $2^2\times3^2\times5^2\times7$
⑤ $2\times3\times7^3$

27 다음 두 수 24, 9의 공배수 중 500 이하인 자연수의 개수를 구하여라.

유형 13

28 두 수 $2^2\times3^2\times7^x$, $2\times3^y\times7^2$의 최소공배수가 $2^z\times3^3\times7^4$일 때, 자연수 x, y, z의 값을 각각 구하여라.

29 두 수 $3^x\times5$, $3^3\times5^y\times11$의 최대공약수는 $3^2\times5$이고 최소공배수는 $3^3\times5^2\times11$일 때, 자연수 x, y의 값을 각각 구하여라.

유형 14

30 세 자연수 $2\times x$, $3\times x$, $4\times x$의 최소공배수가 72이다. 이때 자연수 x의 값을 구하여라.

31 세 자연수 $5\times x$, $6\times x$, $8\times x$의 최소공배수가 240일 때, 세 자연수를 모두 구하시오.

유형 15

32 두 자연수 x, 32의 최대공약수가 8, 최소공배수가 96일 때, x의 값을 구하시오.

33 두 자연수 A, B의 최소공배수가 78이고 A, B의 곱이 3042일 때, 두 수 A, B의 최대공약수를 구하여라.

유형 16

34 1학년 여학생 24명과 남학생 18명이 수련회를 가기 위해 조를 짜기로 하였다. 한 조에 여학생 x명과 남학생 y명을 배치하여 되도록 많은 조로 나누려 할 때, $x+y$의 값을 구하여라.

유형 17

35 가로의 길이가 $120\,cm$, 세로의 길이가 $150\,cm$인 직사각형 모양의 종이가 있다. 여기에 정사각형 모양의 색종이를 빈틈없이 겹치지 않게 붙이려고 한다. 가능한 한 큰 색종이를 붙이려고 할 때, 색종이의 한 변의 길이를 구하여라.

유형 18

36 어떤 자연수로 75를 나누면 3이 남고, 50을 나누면 2가 남는다고 한다. 이와 같은 자연수 중에서 가장 큰 수는?

37 27을 어떤 자연수로 나누면 3이 남고, 또 이 자연수로 40을 나누면 4가 남고, 53을 나누면 5가 남는다고 한다. 어떤 자연수를 모두 구하여라.

유형 19

38 어느 시외버스 터미널에서 부산행, 광주행 버스가 각각 15분, 18분 간격으로 출발한다. 오전 9시에 두 도시로 가는 버스가 동시에 출발하였을 때, 그 후에 처음으로 두 버스가 동시에 출발하는 시각을 구하여라.

39 가로의 길이가 $12\,cm$, 세로의 길이는 $15\,cm$, 높이는 $24\,cm$인 직육면체 모양의 나무토막이 있다. 이 나무토막을 일정한 방향으로 빈틈없이 쌓아서 가능한 한 작은 정육면체를 만들 때, 필요한 나무토막의 개수는?

유형 20

40 서로 맞물려서 돌아가는 두 톱니바퀴 A, B가 있다. A의 톱니 수가 72개, B의 톱니 수는 48개일 때, A, B 두 톱니바퀴가 같은 톱니에서 처음으로 다시 맞물릴 때까지 B 톱니바퀴는 몇 바퀴 회전하였는지 구하여라.

유형 21

41 4, 5, 6으로 어떤 세 자리의 자연수를 나누면 모두 3이 남는다고 할 때, 이 세 자리 자연수 중 가장 작은 자연수를 구하여라.

42 1학년 학생들이 야영 활동에 참가하였다. 이때 참가자를 한 텐트에 6명, 9명, 12명씩 어느 인원으로 배정해도 항상 5명이 남았다. 참가한 1학년 학생 수가 30명 보다 많고 50명보다 적다고 할 때, 참가한 학생 수를 구하여라.

유형 22

43 두 분수 $\frac{16}{A}$, $\frac{24}{A}$를 자연수로 만드는 자연수 A의 값은 <u>모두</u> 몇 개인가?

44 두 수 $\frac{1}{18}\times n$, $\frac{1}{24}\times n$이 자연수가 되게 하는 가장 작은 자연수 n의 값을 구하여라.

② 정수와 유리수

유형 23

45 다음 중 '+, −' 부호를 사용하여 나타낸 것으로 옳지 않은 것은?

① 지상 $50m$: $+50m$
② 해발 $1000m$: $-1000m$
③ 10% 인하 : -10%
④ $60m$ 상승 : $+60m$
⑤ $3kg$ 증가 : $+3kg$

46 다음 중에서 양의 정수, 음의 정수를 각각 고르시오.

$+2,\quad 8,\quad -20,\quad +6,\quad -10$

유형 24

47 다음 주어진 수에 대한 물음에 답하여라.

$-\frac{3}{2},\quad +2.7,\quad -7,\quad 0,\quad 9,\quad -\frac{15}{3}$

(1) 양의 유리수 고르기

(2) 음의 유리수 고르기

(3) 정수 고르기

(4) 정수가 아닌 유리수 고르기

48 다음 중에서 정수가 아닌 유리수의 개수를 구하여라.

$-5.2,\ +\frac{10}{2},\ +\frac{23}{7},\ 1.8,\ -\frac{6}{3},\ 2,\ \frac{0}{27}$

유형 25

49 다음 수직선 위의 점 A, B, C, D에 대응하는 수를 구하시오.

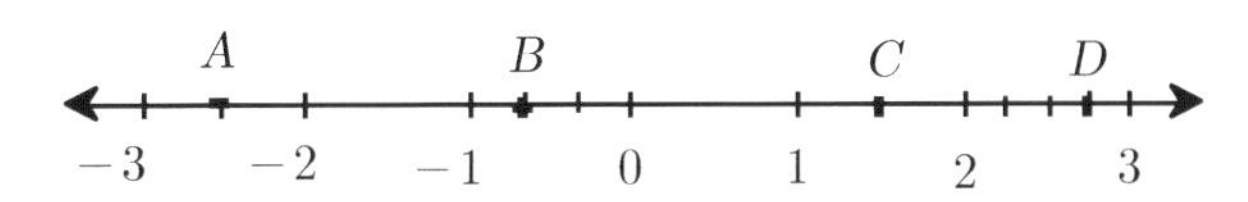

50 다음 수를 수직선 위에 대응시킬 때, 왼쪽에서 두 번째에 있는 수를 고르면?

① $-\frac{1}{3}$ ② -3 ③ $-\frac{3}{2}$ ④ 0 ⑤ $+0.7$

유형 26

51 절댓값이 5인 모든 수를 구하시오.

52 다음 수를 절댓값이 작은 수부터 차례로 나열해 보시오.

$-\frac{1}{2},\quad 3,\quad -\frac{6}{3},\quad 0,\quad +1.5$

유형 27

53 다음 □ 안에 알맞은 부등호를 넣으시오.

(1) 3 □ -7 (2) $-\frac{1}{2}$ □ -7

(3) $-\frac{2}{3}$ □ $-\frac{3}{4}$ (4) $\left|-\frac{4}{3}\right|$ □ 1

53-1 다음 수를 큰 수부터 나열할 때, 네 번째에 오는 수는 어떤 수일까요?

$2.7,\quad -\frac{5}{4},\quad 0,\quad |-3.9|,\quad -\frac{2}{3},\quad -0.5$

유형 28

54 다음 중 옳은 것을 모두 고르시오.

① 절댓값이 작을수록 그 수가 나타내는 점은 원점으로부터 멀리 떨어져 있다.
② 절댓값이 0보다 작은 수가 있다.
③ $|x|=3$을 만족시키는 정수 x는 2개이다.
④ -1과 1의 절댓값이 가장 작다.
⑤ 양수는 클수록, 음수는 작을수록 절댓값이 크다.

55 다음 중 옳지 않은 것을 모두 고르면?

(가) 두 수의 절댓값이 같으면 그 두 수의 크기도 같다.
(나) $a \le |3|$를 만족하는 정수 a는 모두 6개다.
(다) 음수의 절댓값은 0보다 크다.

유형 29

56 수직선에서 -7과 5를 나타내는 두 점에서 같은 거리에 있는 점에 대응하는 수를 구하여라.

57 두 수 x, y는 부호는 반대이고 절댓값은 같다. x가 y보다 7만큼 작다고 할 때, x, y의 값을 각각 구하여라.

유형 30

58 다음을 부등호를 사용하여 나타내어라.

(1) x는 5보다 크거나 같다.
⇨ ______________________

(2) x는 -3 초과이다.
⇨ ______________________

(3) x는 10보다 크고 12 이하이다.
⇨ ______________________

(4) x는 0 이상 6 미만이다.
⇨ ______________________

(5) x는 -6보다 작지 않고 -2보다 크지 않다.
⇨ ______________________

유형 31

59 두 수 $-\frac{11}{3}$과 $\frac{5}{2}$ 사이에 있는 정수의 개수를 구하시오.

60 $-2 < x \le \frac{5}{3}$를 만족시키는 정수 x의 개수를 a개라 하고, $-\frac{19}{5} \le y \le -\frac{2}{3}$를 만족시키는 정수 y의 개수를 b개라 할 때, $a+b$의 값을 구하여라.

유형 32

61 절댓값이 $\frac{14}{3}$보다 작거나 같은 정수를 모두 구하시오.

62 다음 중 $|x| \le \frac{7}{2}$를 만족하는 유리수 x를 모두 고르시오 .

-2.7, 0, $\frac{7}{3}$, -3.8, $-\frac{11}{4}$, $\frac{21}{5}$

유형 33

63 다음 수직선이 나타내는 덧셈식을 구하시오.

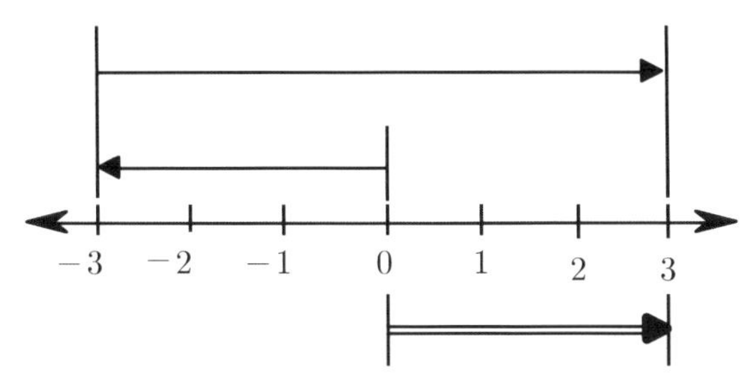

64 다음 중 바르게 계산된 것을 고르면?

① $(+5)+(-2) = -3$

② $(-7)+(-5) = -2$

③ $\left(-\frac{2}{3}\right)+\left(+\frac{5}{3}\right) = -\frac{7}{3}$

④ $\left(-\frac{5}{4}\right)+\left(-\frac{2}{3}\right) = -\frac{23}{12}$

⑤ $\left(-\frac{1}{2}\right)+\left(+\frac{2}{3}\right) = -\frac{1}{6}$

유형 34

65 다음 계산 과정에서 a, b에 이용된 덧셈의 계산 법칙을 말하시오.

$$\left(+\frac{1}{4}\right)+\left(-\frac{1}{3}\right)+\left(+\frac{3}{4}\right)$$

$$= \left(+\frac{1}{4}\right)+\left(+\frac{3}{4}\right)+\left(-\frac{1}{3}\right) \quad (\ a\ )$$

$$= \left\{\left(+\frac{1}{4}\right)+\left(+\frac{3}{4}\right)\right\}+\left(-\frac{1}{3}\right) \quad (\ b\ )$$

$$= (+1)+\left(-\frac{1}{3}\right) = \frac{2}{3}$$

유형 35

66 다음 계산 결과가 옳은 것을 고르시오.

① $0-(-3) = -3$

② $(+7.2)-(-3.5) = +3.7$

③ $\left(-\frac{3}{5}\right)-\left(-\frac{3}{10}\right) = -\frac{3}{10}$

④ $\left(-\frac{2}{3}\right)+\left(+\frac{1}{2}\right) = \frac{1}{6}$

⑤ $(-6)-(-7) = -13$

67 유리수 $-\frac{13}{4}$에 가장 가까운 정수를 a, $\frac{19}{5}$에 가장 가까운 정수를 b라 할 때, $a-b$의 값을 구하여라.

유형 36

68 다음을 계산하시오.

$$(-5.2)+(-2.7)-(-3)$$

69 다음 중 계산 결과가 2보다 큰 것을 모두 고르시오.

① $(+4)-(-2)+(-2)$

② $\frac{1}{4}-1+\frac{3}{2}-\frac{2}{3}$

③ $\left(-\frac{1}{3}\right)-\left(-\frac{11}{2}\right)+(-2)$

④ $-8+2-9+|-5|$

유형 37

70 -5보다 -4만큼 작은 수를 a, $\frac{3}{4}$보다 -3만큼 큰 수를 b라 할 때, $|b-a|$의 값을 구하시오.

71 다음 ㉠~㉣의 계산한 값을 모두 더해주기 바람요.

㉠ -4보다 6만큼 큰 수

㉡ -3보다 -2만큼 작은 수

㉢ 8보다 4만큼 작은 수

㉣ $-\frac{3}{2}$보다 -3.5만큼 큰 수

유형 38

72 어떤 수에 -5를 더해야 할 것을 잘못 보아 뺐더니 -2가 되었다. 다음 물음에 답하여라.

(1) 어떤 수를 구하여라.

(2) 바르게 계산한 답 구하기

73 3에서 어떤 수를 빼야하는데 잘못 보아서 더하였더니 $-\frac{2}{3}$가 되었다. 바르게 계산한 답을 구하시오.

유형 39

74 다음은 A, B, C, D 네 도시의 겨울 평균기온에 대한 설명이다.

A	B	C	D
		-11℃	

B 도시는 C 도시보다 5℃ 높고, D 도시는 B 도시보다 10℃ 낮고, A 도시는 C 도시보다 7℃가 높다.

이때 A 도시와 D 도시의 기온차를 구하여라.

75 가로, 세로, 대각선의 세 수의 모든 합이 같을 때, A, B, C의 값을 구하여라.

-2		A
3	-1	
C	B	0

76 오른쪽 그림은 정육면체의 전개도이다. 이 전개도로 만들어진 정육면체에서 서로 마주 보는 면에 적힌 두 수의 합이 -1이라고 할 때, $a-b+c$를 구하여라.

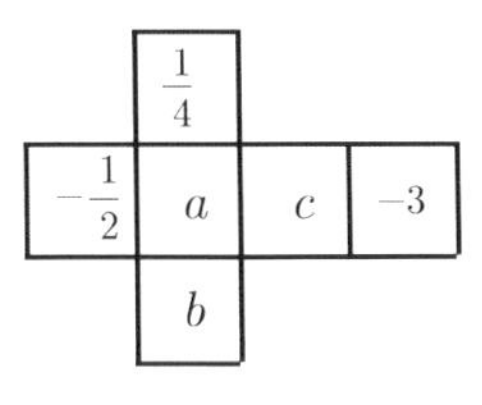

유형 40

77 두 수 a, b에 대하여 $|a|=\frac{2}{3}$, $|b|=\frac{1}{4}$일 때, $a-b$의 값 중 가장 큰 것을 구하여라.

78 두 수 x, y에 대하여 $|x|=5$, $|y|=a(a>0)$이다. $x-y$의 값 중 가장 작은 수가 -9일 때, a의 값을 구하여라.

유형 41

79 다음 중 유리수의 곱셈의 계산 값이 옳지 <u>않은</u> 것은?

① $\left(-\frac{2}{3}\right)\times\frac{3}{5}=-\frac{2}{5}$

② $\frac{27}{4}\times\left(-\frac{2}{9}\right)=-\frac{3}{2}$

③ $(-5)\times\left(-\frac{5}{6}\right)=\frac{25}{6}$

④ $\left(-\frac{5}{8}\right)\times\frac{24}{25}=\frac{3}{5}$

⑤ $(-1)\times\frac{7}{2}\times\left(-\frac{8}{21}\right)=\frac{4}{3}$

80 $\left(-\frac{13}{8}\right)+\frac{5}{2}=a$, $\left(-\frac{5}{3}\right)+\left(-\frac{3}{7}\right)=b$라 할 때, $a\times b$의 값을 구하여라.

유형 42

81 다음 계산 과정에서 사용된 계산 법칙을 차례대로 써 봅시다.

$$\left(-\frac{8}{5}\right)\times(-3)\times\left(-\frac{15}{16}\right)$$
$$=\left(-\frac{8}{5}\right)\times\left(-\frac{15}{16}\right)\times(-3) \quad (\quad)$$
$$=\left\{\left(-\frac{8}{5}\right)\times\left(-\frac{15}{16}\right)\right\}\times(-3) \quad (\quad)$$
$$=\frac{3}{2}\times(-3)=-\frac{9}{2}$$

유형 43

82 $10\times\left(-\frac{3}{8}\right)\times(-2)\times\left(-\frac{7}{9}\right)$을 계산하기.

83 네 수 -3, $-\frac{5}{6}$, $\frac{7}{10}$, -4 중에서 서로 다른 세 수를 뽑아 곱한 값 중 가장 큰 수와 가장 작은 수를 각각 구하여 볼까요?

유형 44

84 다음 중 계산 결과가 옳지 않은 것은 몇 번일까요?

① $(-2)^5=-32$
② $-3^2=-9$
③ $-(-2)^3=8$
④ $\{-(-3)\}^3=27$
⑤ $-4^2=-8$

85 다음 계산한 값 중 가장 큰 수와 가장 작은 수의 합을 구하시오.

㉠ $-\left(\frac{1}{2}\right)^3$
㉡ $\left(-\frac{1}{3}\right)^2$
㉢ $(-3)^3$
㉣ $\{-(-2)\}^3$
㉤ $(-1)^{100}$

86 $(-1)+(-1)^2+(-1)^3+\cdots+(-1)^{99}+(-1)^{100}$을 계산해 봅시다.

유형 45

87 세 수 a, b, c에 대하여 $a\times b=-3$, $b\times c=7$일 때, $b\times(a-c)$의 값을 구하시오.

88 다음 주어진 식을 분배법칙을 이용하여 계산하시오.

$$(-3.25)\times 17+(1.25)\times 17$$

유형 46

89 다음 중 서로 역수 관계인 것은?

① $-1,\ 1$　② $0.3,\ 3$　③ $-\frac{1}{4},\ 4$

④ $-\frac{3}{8},\ \frac{8}{3}$　⑤ $-0.5,\ -2$

90 -1.2의 역수는 A, $\frac{7}{16}$의 역수는 B일 때, $A\times B$의 값을 구해보자.

유형 47

91 다음을 계산하여라.

① $\left(-\frac{7}{3}\right)\div\frac{28}{9}$

② $(-12)\div\left(-\frac{24}{5}\right)$

③ $\frac{15}{8}\div(-3.5)$

92 $a\times\left(-\frac{7}{5}\right)=1$, $b=\left(-\frac{7}{2}\right)\div\left(-\frac{21}{10}\right)$일 때, $a\div b$의 값을 구하여라.

유형 48

93 $a<0$, $b>0$일 때, 다음 중 항상 양수인 것은?

① $a+b$　② $a-b$　③ $b-a$

④ $a\times b$　⑤ $a\div b$

94 세 수 a, b, c에 대하여 $a\times b>0$, $b>c$, $\frac{c}{a}<0$일 때, 다음 중 옳은 것은?

① $a>0, b>0, c>0$　② $a>0, b<0, c>0$

③ $a>0, b>0, c<0$　④ $a<0, b>0, c>0$

⑤ $a<0, b<0, c<0$

유형 49

95 $(-3)^3\times\frac{15}{24}\div\left(-\frac{25}{4}\right)$를 계산해 볼까요?

96 다음 주어진 식을 각각 ①, ②, ③이라고 할 때, (①+②)×③의 값을 구하여 보시오.

① = $\dfrac{1}{8}\div\left(-\dfrac{1}{24}\right)\div(-3)^3$

② = $(-20)\div 0.5\times\dfrac{1}{45}$

③ = $\left(-\dfrac{3}{2}\right)^2\times(-6)\div\dfrac{21}{4}$

50

97 다음 식을 계산할 때의 순서를 쓰고, 그 답을 구하시오.

$$-3+2\div\left\{(-4)+(-1)^4\times\frac{16}{3}\right\}$$

(㉠: 첫 번째 −, ㉡: ÷, ㉢: +, ㉣: 거듭제곱, ㉤: ×)

98 $a=\left(-\dfrac{10}{7}\right)-\left[\left\{\left(-\dfrac{15}{4}\right)\times\left(\dfrac{5}{3}-\dfrac{7}{4}\right)-\dfrac{3}{8}\right\}\div\dfrac{7}{32}\right]$이다. a에 가장 가까운 정수를 x라 할 때, x^4의 값을 구하여라.

99 다음 □ 안에 알맞은 수를 구하여라.

$$\left(-\frac{7}{2}\right)\div\square=\frac{3}{4}$$

100 $(-6)\times A=-\dfrac{1}{3}$, $B\div 3=\dfrac{3}{4}$일 때, $A\times B$의 값을 구하여라.

101 두 수 a, b에 대하여

$a ⦶ b=(a+b)\times(-3)$일 때, $\left(-\dfrac{7}{8}\right) ⦶ \dfrac{5}{12}$를 계산하여라.

51

102 수직선의 원점을 출발점으로 하여 동전의 앞면이 나오면 오른쪽으로 3만큼, 뒷면이 나오면 왼쪽으로 2만큼 이동한다고 한다. 옥룡이와 추동이가 각각 5번씩 동전 던지기를 하여 옥룡이는 앞면이 3번, 추동이는 뒷면이 3번 나왔다고 할 때, 수직선 위 옥룡이와 추동이가 위치한 두 점 사이의 거리를 구하여라.

③ 문자의 사용과 식의 계산

유형 52

103 $x\times y\times(-7)\times y\times x\times x$를 곱셈 기호를 생략하여 나타내 보시오.

104 다음 중 옳지 않은 것을 모두 고르시오.

① $(-5)\times x\times y=-5xy$

② $a\times b\times(-1)\times b=-ab^2$

③ $a\times b\times 0.1=0.ab$

④ $6a+b\div c=\dfrac{6a+b}{c}$

⑤ $3b\div c+2b\times\left(-\dfrac{1}{3}\right)=\dfrac{3b}{c}-\dfrac{2b}{3}$

유형 53

105 백의 자리의 숫자가 x, 십의 자리의 숫자는 y, 일의 자리의 숫자는 z인 세 자리의 자연수가 있다. 이 자연수를 문자를 사용한 식으로 나타내어라.

106 400원짜리 과자 a개와 700원짜리 라면 b개를 사고 5000원을 냈을 때, 문자를 사용하여 거스름돈을 나타내어라.

유형 54

107 윗변의 길이가 $a\,cm$, 아랫변의 길이가 $7\,cm$, 높이가 $h\,cm$인 사다리꼴의 넓이를 a와 h를 사용한 식으로 나타내어라.

108 아래 그림과 같은 도형의 넓이를 문자를 사용하여 나타내시오.

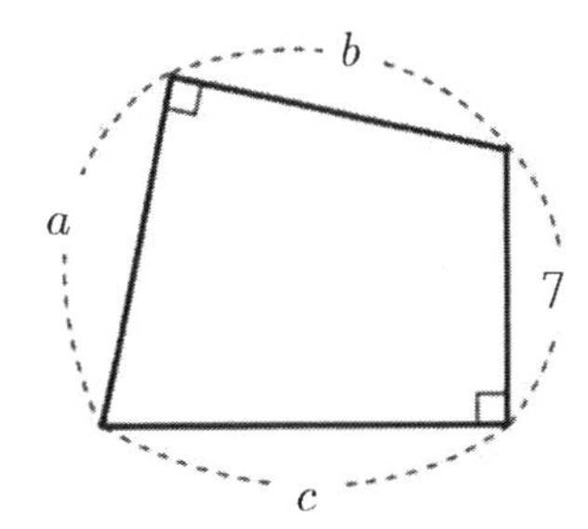

유형 55

109 다음 중 옳은 것을 모두 고르시오.

① $20kg$의 $a\%$ ⇨ $20a(kg)$

② 정가가 1000원인 과자를 $a\%$ 할인하여 판매한 가격 ⇨ $(1000-10a)$원

③ 시속 $5km$로 x시간 동안 걸어간 거리 ⇨ $5x(km)$

④ 농도가 10%인 소금물 $y\,g$에 녹아 있는 소금의 양 ⇨ $10y(g)$

⑤ 시속 $a\,km$의 속력으로 $10km$ 거리를 걸을 때 걸리는 시간 ⇨ $10a$(시간)

110 아래 표는 옥룡중학교 1학년 4반 남학생 x명과 여학생 y명의 수학 평균 점수를 나타낸 것이다. 1학년 4반 전체 학생 수가 50명일 때, 반 전체의 수학 평균 점수를 x, y를 사용하여 나타내어라.

	인원수	평균
남학생	x명	62점
여학생	y명	59점

유형 56

111 $x=-2$, $y=-3$일 때, $-x^3-2y^2$의 값을 구하여라.

112 $a=-2$일 때, $-\frac{5a^2}{6}-\frac{a^3}{3}$의 값을 구하여라.

유형 57

113 미국에서 사용하는 온도 측정단위는 화씨(℉)이고 우리나라는 섭씨(℃)를 사용한다. 화씨 x℉는 섭씨 $\frac{5}{9}(x-32)$℃로 나타낸다. 그렇다면 화씨 77℉는 섭씨 몇 ℃인가?

114 사람의 표준 몸무게는 키가 hcm일 때, $0.9(h-100)kg$이다. 키가 170 cm인 사람의 표준 몸무게를 구하여라.

유형 58

115 다음 중 단항식을 모두 고르시오.

① -27 ② $-5a+3b$ ③ $3x^2-2x$
④ $\frac{1}{4}a$ ⑤ $xy-x$

116 다음 중 다항식 $-7x^2-2x+5$에 대한 설명으로 옳지 않은 것은?

① 다항식의 차수는 2이다.
② x의 계수는 -2이다.
③ 상수항은 5이다.
④ 항은 $-7x^2$, $2x$, 5이다.
⑤ x^2의 계수는 -7이다.

유형 59

117 다음 중 일차식인 것을 모두 고르시오.

① $-2x^2+5$ ② $0.5x-2$
③ $0\times2x^2-10x+28$ ④ $-\frac{5}{x}+2$
⑤ $-9y^3$

118 다항식 $2x+5x^2-3x-2+\square x^2$이 일차식이 되도록 □ 안에 알맞은 수를 넣으시오.

유형 60

119 $(-27x+18)\div\left(-\frac{9}{2}\right)$를 계산하여라.

120 $(-7+3x)\times(-4)$를 간단히 하면 $ax+b$가 된다. 이때 $a-b$의 값을 구하여라.

유형 61

121 다음 중 동류항끼리 짝지어진 것을 고르면?

① $4x,\ 2x^2$ ② $xy^2,\ -x^2y$

③ $-2y^2,\ -\frac{y^2}{5}$ ④ $\frac{1}{2}a,\ 0.2a^2$

⑤ $3b,\ \frac{3}{b}$

122 동류항끼리 짝지어 줍시다.

① $-27x^2$ ㉠ $x\times(-2)\times x$

② $-\frac{xy}{28}$ ㉡ $(-5)\times x\times 2\times y$

③ $3a^2$ ㉢ $a\times a\div 3$

유형 62

123 다음 중 옳은 것은?

① $(2x-1)+(3x+5)=5x-5$

② $2(x-2)-(x+7)=x+3$

③ $-(5a-b)+(2a+b)=-7a+2b$

④ $2(2b-3)-3(b-2)=b$

⑤ $(x+2)-(2x+3)=-x+1$

124 $3(2x-1)-\frac{1}{2}(x-4)=ax+b$이다.

$a\div b$의 값을 구하여라.

유형 63

125 $\frac{10x+3}{5}-\frac{2x-1}{3}$을 계산하여라.

126 다음 식을 간단히 하였을 때, 상수항은?

$$10x+5-[5x-2\{-3(2x+1)-x\}]$$

유형 64

127 $A=-3x+2$, $B=2x-5$일 때, $2A-B$를 간단히 하시오.

128 $A=-3x+27$, $B=-\frac{2}{3}x-\frac{7}{4}$일 때, $-\frac{1}{3}A+24B$를 간단히 하여라.

유형 65

129 어떤 다항식에서 $5x-9$를 빼었더니 $-3x+7$이 되었다. 어떤 다항식을 구하여라.

유형 66

130 어떤 다항식에서 $-7x+12$를 더해야 하는데 잘못 보아서 뺄셈을 하였더니 $-3x+11$이 되었다. 바르게 계산한 식을 구하여 보시오.

131 $x-19$에서 어떤 다항식을 빼야하는데 잘못해서 더하였더니 $-x+10$이 되었다. 바르게 계산한 식을 구하여 보면?

다시 풀기

유형

PocKet 1

1 다음 중 옳은 것은?

① $3\times3\times3\times5\times5=3^2\times5^3$
② $5+5+5=5^3$
③ $4\times4\times4=4\times3$
④ $\frac{1}{2}\times\frac{1}{2}\times\frac{1}{7}\times\frac{1}{7}\times\frac{1}{7}=\frac{1}{2^2}\times\frac{1}{7^3}$
⑤ $11\times11\times11\times11=4^{11}$

2 $3\times3\times5\times5\times5\times7\times7=3^a\times5^b\times c^2$이 성립할 때, 이를 만족하는 자연수 a, b, c에 대하여 $c-a+b$의 값을 구하여라.

3 다음 중 옳은 것은?

① 소수는 모두 홀수이다.
② 자연수는 소수와 합성수로 이루어져 있다.
③ 15 미만의 소수는 6개이다.
④ 가장 작은 소수는 1이다.
⑤ 합성수는 약수가 2개이다.

4 다음 중 소수가 아닌 것은? (정답 2개)

① 9 ② 13 ③ 17
④ 51 ⑤ 59

5 252를 소인수분해하시오.

6 다음 중 소인수분해한 것으로 옳지 못한 것은?

① $48=2^4\times3$ ② $32=2^5$
③ $100=2^2\times5^2$ ④ $120=2^3\times3^2\times5$
⑤ $240=2^4\times3\times5$

7 360을 소인수분해하면 $2^3\times a^2\times b$이다. 자연수 a, b에 대한 $a\times b$의 값은?

8 다음 주어진 수의 소인수를 모두 구하시오.

(1) 54 (2) 84 (3) 90

9 다음 중 1540의 소인수가 아닌 것은?

① 2 ② 3 ③ 5 ④ 7 ⑤ 11

10 다음 수에 자연수를 곱하여 어떤 자연수의 제곱이 되게 할 때, 곱해야 하는 가장 작은 자연수를 구하여라.

360

11 $3^3\times5\times x$는 어떤 수의 제곱이 된다고 한다. 이때 제곱이 되도록 하는 가장 작은 자연수 x의 값을 구하여라.

12 675를 자연수 x로 나누면 어떤 자연수의 제곱이 된다고 할 때, 자연수 x의 값이 될 수 없는 것을 고르시오.

① 3 ② 27 ③ 25 ④ 75 ⑤ 675

13 다음 중 180의 약수가 <u>아닌</u> 것을 고르시오.

① $2^2\times3^2$ ② $2\times3\times5$ ③ $3^2\times5$
④ $2^3\times3\times5$ ⑤ 20

14 다음은 72의 약수를 구하기 위해 만든 표이다. 이에 대한 설명으로 옳지 <u>않은</u> 것을 골라 주세요.

×	1	2		ⓐ
1				
			ⓒ	
ⓑ		ⓓ		

① ⓐ는 2^3이다.
② ⓑ는 3^2이다.
③ ⓒ는 12이다.
④ 약수의 개수는 (4×3)개이다.
⑤ ⓓ는 72의 소인수이다.

15 다음 수의 약수의 개수 구하기

① $2^2\times3^4$ ② $2\times3\times5^2$
③ 180 ④ $2\times9\times11$

16 다음 중 옳은 것을 <u>모두</u> 고르시오. (정답은 2개)

① 108의 약수의 개수는 6개이다.
② $2^3\times5^2$의 약수의 개수는 12개이다.
③ $28=4\times7$이므로 약수의 개수는 4개이다.
④ 90의 약수 개수는 12개이다.
⑤ 6×5의 약수의 개수는 4개이다.

17 다음 두 수의 최대공약수를 구하시오.

$3^2\times5^2\times7^3$ $2\times3\times5^3$

18 다음 세 수

$2^2\times3^3$, $2^2\times3^2\times5$, $2^3\times3^2\times7$의 최대공약수를 구하여라.

19 다음 두 수

72, $2^2\times3^3\times5$의 공약수가 <u>아닌</u> 것은?

① 2^2 ② 3^2 ③ $2^2\times3$
④ $2^2\times3^2$ ⑤ $2\times3\times5$

20 두 수 150, 504의 공약수의 개수를 구하여라.

21 다음 중 두 수가 서로소인 것은?

① 18, 21 ② 31, 62 ③ 26, 65
④ 23, 75 ⑤ 12, 45

22 다음 중 27과 서로소인 것은?

① 3 ② 9 ③ 25 ④ 45 ⑤ 54

23 두 수 $3^x\times5^3\times7$, $3^4\times5^y\times7$의 최대공약수가 $3^3\times5^2\times7$이라고 할 때, 자연수 x, y에 대하여 $x-y$의 값은?

24 두 수 $3^2\times5\times7^2$, $3^3\times5^2\times7$의 최소공배수를 구하여라.

25 세 자연수 24, $2^2\times3\times7$, $2^2\times3^2\times5$의 최소공배수를 구하시오.

26 다음 중 두 수 $2^3 \times 3^2 \times 5 \times 7$, $2^2 \times 3 \times 7^3$의 공배수인 것은?

① $2^2 \times 3 \times 5 \times 7$
② $2^3 \times 3 \times 7$
③ $2^3 \times 3^3 \times 5 \times 7^3$
④ $2^2 \times 3^2 \times 5^2 \times 7$
⑤ $2 \times 3 \times 7^3$

27 다음 두 수 24, 9의 공배수 중 500 이하인 자연수의 개수를 구하여라.

28 두 수 $2^2 \times 3^2 \times 7^x$, $2 \times 3^y \times 7^2$의 최소공배수가 $2^z \times 3^3 \times 7^4$일 때, 자연수 x, y, z의 값을 각각 구하여라.

29 두 수 $3^x \times 5$, $3^3 \times 5^y \times 11$의 최대공약수는 $3^2 \times 5$이고 최소공배수는 $3^3 \times 5^2 \times 11$일 때, 자연수 x, y의 값을 각각 구하여라.

30 세 자연수 $2 \times x$, $3 \times x$, $4 \times x$의 최소공배수가 72이다. 이때 자연수 x의 값을 구하여라.

31 세 자연수 $5 \times x$, $6 \times x$, $8 \times x$의 최소공배수가 240일 때, 세 자연수를 모두 구하시오.

32 두 자연수 x, 32의 최대공약수가 8, 최소공배수가 96일 때, x의 값을 구하시오.

33 두 자연수 A, B의 최소공배수가 78이고 A, B의 곱이 3042일 때, 두 수 A, B의 최대공약수를 구하여라.

34 1학년 여학생 24명과 남학생 18명이 수련회를 가기 위해 조를 짜기로 하였다. 한 조에 여학생 x명과 남학생 y명을 배치하여 되도록 많은 조로 나누려 할 때, $x+y$의 값을 구하여라.

35 가로의 길이가 $120\,cm$, 세로의 길이가 $150\,cm$인 직사각형 모양의 종이가 있다. 여기에 정사각형 모양의 색종이를 빈틈없이 겹치지 않게 붙이려고 한다. 가능한 한 큰 색종이를 붙이려고 할 때, 색종이의 한 변의 길이를 구하여라.

36 어떤 자연수로 75를 나누면 3이 남고, 50을 나누면 2가 남는다고 한다. 이와 같은 자연수 중에서 가장 큰 수는?

37 27을 어떤 자연수로 나누면 3이 남고, 또 이 자연수로 40을 나누면 4가 남고, 53을 나누면 5가 남는다고 한다. 어떤 자연수를 모두 구하여라.

38 어느 시외버스 터미널에서 부산행, 광주행 버스가 각각 15분, 18분 간격으로 출발한다. 오전 9시에 두 도시로 가는 버스가 동시에 출발하였을 때, 그 후에 처음으로 두 버스가 동시에 출발하는 시각을 구하여라.

39 가로의 길이가 12 cm, 세로의 길이는 15 cm, 높이는 24 cm인 직육면체 모양의 나무토막이 있다. 이 나무토막을 일정한 방향으로 빈틈없이 쌓아서 가능한 한 작은 정육면체를 만들 때, 필요한 나무토막의 개수는?

40 서로 맞물려서 돌아가는 두 톱니바퀴 A, B가 있다. A의 톱니 수가 72개, B의 톱니 수는 48개일 때, A, B 두 톱니바퀴가 같은 톱니에서 처음으로 다시 맞물릴 때까지 B 톱니바퀴는 몇 바퀴 회전하였는지 구하여라.

41 4, 5, 6으로 어떤 세 자리의 자연수를 나누면 모두 3이 남는다고 할 때, 이 세 자리 자연수 중 가장 작은 자연수를 구하여라.

42 1학년 학생들이 야영 활동에 참가하였다. 이때 참가자를 한 텐트에 6명, 9명, 12명씩 어느 인원으로 배정해도 항상 5명이 남았다. 참가한 1학년 학생 수가 30명 보다 많고 50명보다 적다고 할 때, 참가한 학생 수를 구하여라.

43 두 분수 $\frac{16}{A}$, $\frac{24}{A}$를 자연수로 만드는 자연수 A의 값은 <u>모두</u> 몇 개인가?

44 두 수 $\frac{1}{18}\times n$, $\frac{1}{24}\times n$이 자연수가 되게 하는 가장 작은 자연수 n의 값을 구하여라.

45 다음 중 '+, −' 부호를 사용하여 나타낸 것으로 옳지 <u>않은</u> 것은?

① 지상 $50m$: $+50m$
② 해발 $1000m$: $-1000m$
③ 10% 인하 : -10%
④ $60m$ 상승 : $+60m$
⑤ $3kg$ 증가 : $+3kg$

46 다음 중에서 양의 정수, 음의 정수를 각각 고르시오.

$+2$, 8, -20, $+6$, -10

47 다음 주어진 수에 대한 물음에 답하여라.

$-\frac{3}{2}$, $+2.7$, -7, 0, 9, $-\frac{15}{3}$

(1) 양의 유리수 고르기

(2) 음의 유리수 고르기

(3) 정수 고르기

(4) 정수가 아닌 유리수 고르기

48 다음 중에서 정수가 아닌 유리수의 개수를 구하여라.

$-5.2,\ +\frac{10}{2},\ +\frac{23}{7},\ 1.8,\ -\frac{6}{3},\ 2,\ \frac{0}{27}$

49 다음 수직선 위의 점 A, B, C, D에 대응하는 수를 구하시오.

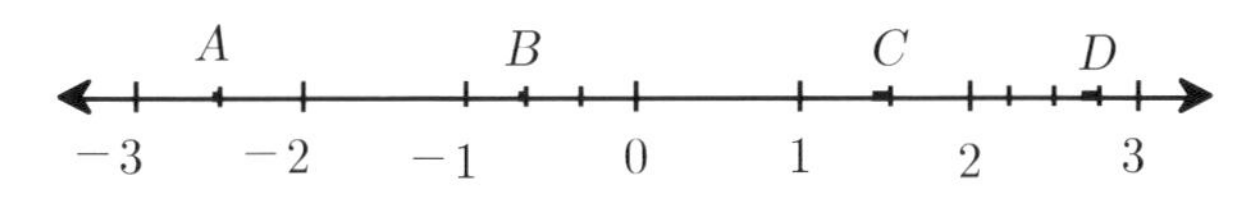

50 다음 수를 수직선 위에 대응시킬 때, 왼쪽에서 두 번째에 있는 수를 고르면?

① $-\frac{1}{3}$ ② -3 ③ $-\frac{3}{2}$ ④ 0 ⑤ $+0.7$

51 절댓값이 5인 모든 수를 구하시오.

52 다음 수를 절댓값이 작은 수부터 차례로 나열해 보시오.

$-\frac{1}{2},\ 3,\ -\frac{6}{3},\ 0,\ +1.5$

53 다음 □ 안에 알맞은 부등호를 넣으시오.

(1) 3 □ -7 (2) $-\frac{1}{2}$ □ -7

(3) $-\frac{2}{3}$ □ $-\frac{3}{4}$ (4) $\left|-\frac{4}{3}\right|$ □ 1

53-1 다음 수를 큰 수부터 나열할 때, 네 번째에 오는 수는 어떤 수일까요?

$2.7,\ -\frac{5}{4},\ 0,\ |-3.9|,\ -\frac{2}{3},\ -0.5$

54 다음 중 옳은 것을 모두 고르시오.

① 절댓값이 작을수록 그 수가 나타내는 점은 원점으로부터 멀리 떨어져 있다.
② 절댓값이 0보다 작은 수가 있다.
③ $|x|=3$을 만족시키는 정수 x는 2개이다.
④ -1과 1의 절댓값이 가장 작다.
⑤ 양수는 클수록, 음수는 작을수록 절댓값이 크다.

55 다음 중 옳지 <u>않은</u> 것을 모두 고르면?

(가) 두 수의 절댓값이 같으면 그 두 수의 크기도 같다.
(나) $a \le |3|$를 만족하는 정수 a는 모두 6개다.
(다) 음수의 절댓값은 0보다 크다.

56 수직선에서 -7과 5를 나타내는 두 점에서 같은 거리에 있는 점에 대응하는 수를 구하여라.

57 두 수 x, y는 부호는 반대이고 절댓값은 같다. x가 y보다 7만큼 작다고 할 때, x, y의 값을 각각 구하여라.

58 다음을 부등호를 사용하여 나타내어라.

(1) x는 5보다 크거나 같다.

⇨ ______________________

(2) x는 -3 초과이다.

⇨ ______________________

(3) x는 10보다 크고 12 이하이다.

⇨ ______________________

(4) x는 0 이상 6 미만이다.

⇨ ______________________

(5) x는 -6보다 작지 않고 -2보다 크지 않다.

⇨ ______________________

59 두 수 $-\frac{11}{3}$과 $\frac{5}{2}$ 사이에 있는 정수의 개수를 구하시오.

60 $-2 < x \le \frac{5}{3}$를 만족시키는 정수 x의 개수를 a개라 하고, $-\frac{19}{5} \le y \le -\frac{2}{3}$를 만족시키는 정수 y의 개수를 b개라 할 때, $a+b$의 값을 구하여라.

61 절댓값이 $\frac{14}{3}$보다 작거나 같은 정수를 모두 구하시오.

62 다음 중 $|x| \le \frac{7}{2}$를 만족하는 유리수 x를 모두 고르시오 .

-2.7, 0, $\frac{7}{3}$, -3.8, $-\frac{11}{4}$, $\frac{21}{5}$

63 다음 수직선이 나타내는 덧셈식을 구하시오.

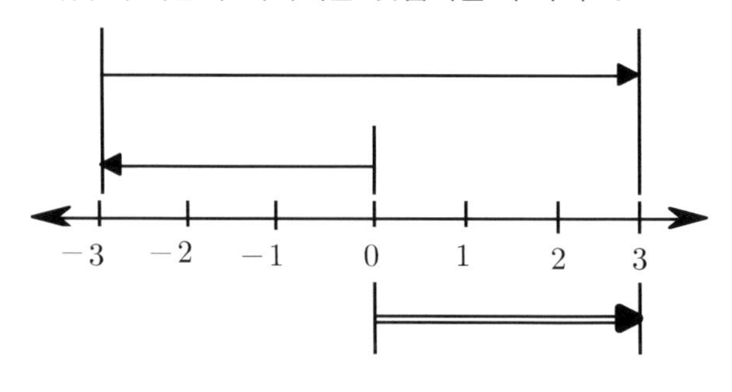

64 다음 중 바르게 계산된 것을 고르면?

① $(+5)+(-2) = -3$

② $(-7)+(-5) = -2$

③ $\left(-\frac{2}{3}\right)+\left(+\frac{5}{3}\right) = -\frac{7}{3}$

④ $\left(-\frac{5}{4}\right)+\left(-\frac{2}{3}\right) = -\frac{23}{12}$

⑤ $\left(-\frac{1}{2}\right)+\left(+\frac{2}{3}\right) = -\frac{1}{6}$

65 다음 계산 과정에서 a, b에 이용된 덧셈의 계산 법칙을 말하시오.

$$\left(+\frac{1}{4}\right)+\left(-\frac{1}{3}\right)+\left(+\frac{3}{4}\right)$$

$$=\left(+\frac{1}{4}\right)+\left(+\frac{3}{4}\right)+\left(-\frac{1}{3}\right) \quad (\ a\ )$$

$$=\left\{\left(+\frac{1}{4}\right)+\left(+\frac{3}{4}\right)\right\}+\left(-\frac{1}{3}\right) \quad (\ b\ )$$

$$=(+1)+\left(-\frac{1}{3}\right)=\frac{2}{3}$$

66 다음 계산 결과가 옳은 것을 고르시오.

① $0-(-3) = -3$

② $(+7.2)-(-3.5) = +3.7$

③ $\left(-\frac{3}{5}\right)-\left(-\frac{3}{10}\right) = -\frac{3}{10}$

④ $\left(-\frac{2}{3}\right)+\left(+\frac{1}{2}\right) = \frac{1}{6}$

⑤ $(-6)-(-7) = -13$

67 유리수 $-\frac{13}{4}$에 가장 가까운 정수를 a, $\frac{19}{5}$에 가장 가까운 정수를 b라 할 때, $a-b$의 값을 구하여라.

68 다음을 계산하시오.

$$(-5.2)+(-2.7)-(-3)$$

69 다음 중 계산 결과가 2보다 큰 것을 모두 고르시오.

① $(+4)-(-2)+(-2)$

② $\frac{1}{4}-1+\frac{3}{2}-\frac{2}{3}$

③ $\left(-\frac{1}{3}\right)-\left(-\frac{11}{2}\right)+(-2)$

④ $-8+2-9+|-5|$

70 -5보다 -4만큼 작은 수를 a, $\frac{3}{4}$보다 -3만큼 큰 수를 b라 할 때, $|b-a|$의 값을 구하시오.

71 다음 ㉠~㉣의 계산한 값을 모두 더해주기 바람요.

㉠ -4보다 6만큼 큰 수

㉡ -3보다 -2만큼 작은 수

㉢ 8보다 4만큼 작은 수

㉣ $-\frac{3}{2}$보다 -3.5만큼 큰 수

72 어떤 수에 -5를 더해야 할 것을 잘못 보아 뺐더니 -2가 되었다. 다음 물음에 답하여라.

(1) 어떤 수를 구하여라.

(2) 바르게 계산한 답 구하기

73 3에서 어떤 수를 빼야하는데 잘못 보아서 더하였더니 $-\frac{2}{3}$가 되었다. 바르게 계산한 답을 구하시오.

74 다음은 A, B, C, D 네 도시의 겨울 평균기온에 대한 설명이다.

A	B	C	D
		-11℃	

B 도시는 C 도시보다 5℃ 높고, D 도시는 B 도시보다 10℃ 낮고, A 도시는 C 도시보다 7℃가 높다.

이때 A 도시와 D 도시의 기온차를 구하여라.

75 가로, 세로, 대각선의 세 수의 모든 합이 같을 때, A, B, C의 값을 구하여라.

-2		A
3	-1	
C	B	0

76 오른쪽 그림은 정육면체의 전개도이다. 이 전개도로 만들어진 정육면체에서 서로 마주 보는 면에 적힌 두 수의 합이 -1이라고 할 때, $a-b+c$를 구하여라.

	$\frac{1}{4}$		
$-\frac{1}{2}$	a	c	-3
	b		

77 두 수 a, b에 대하여 $|a|=\frac{2}{3}$, $|b|=\frac{1}{4}$일 때, $a-b$의 값 중 가장 큰 것을 구하여라.

78 두 수 x, y에 대하여 $|x|=5$, $|y|=a(a>0)$이다. $x-y$의 값 중 가장 작은 수가 -9일 때, a의 값을 구하여라.

79 다음 중 유리수의 곱셈의 계산 값이 옳지 않은 것은?

① $\left(-\frac{2}{3}\right)\times\frac{3}{5}=-\frac{2}{5}$

② $\frac{27}{4}\times\left(-\frac{2}{9}\right)=-\frac{3}{2}$

③ $(-5)\times\left(-\frac{5}{6}\right)=\frac{25}{6}$

④ $\left(-\frac{5}{8}\right)\times\frac{24}{25}=\frac{3}{5}$

⑤ $(-1)\times\frac{7}{2}\times\left(-\frac{8}{21}\right)=\frac{4}{3}$

80 $\left(-\frac{13}{8}\right)+\frac{5}{2}=a$, $\left(-\frac{5}{3}\right)+\left(-\frac{3}{7}\right)=b$라 할 때, $a\times b$의 값을 구하여라.

81 다음 계산 과정에서 사용된 계산 법칙을 차례대로 써 봅시다.

$$\left(-\frac{8}{5}\right)\times(-3)\times\left(-\frac{15}{16}\right)$$

$$=\left(-\frac{8}{5}\right)\times\left(-\frac{15}{16}\right)\times(-3) \quad (\quad)$$

$$=\left\{\left(-\frac{8}{5}\right)\times\left(-\frac{15}{16}\right)\right\}\times(-3) \quad (\quad)$$

$$=\frac{3}{2}\times(-3)=-\frac{9}{2}$$

82 $10\times\left(-\frac{3}{8}\right)\times(-2)\times\left(-\frac{7}{9}\right)$을 계산하기.

83 네 수 -3, $-\frac{5}{6}$, $\frac{7}{10}$, -4 중에서 서로 다른 세 수를 뽑아 곱한 값 중 가장 큰 수와 가장 작은 수를 각각 구하여 볼까요?

84 다음 중 계산 결과가 옳지 않은 것은 몇 번일까요?

① $(-2)^5=-32$
② $-3^2=-9$
③ $-(-2)^3=8$
④ $\{-(-3)\}^3=27$
⑤ $-4^2=-8$

85 다음 계산한 값 중 가장 큰 수와 가장 작은 수의 합을 구하시오.

㉠ $-\left(\frac{1}{2}\right)^3$
㉡ $\left(-\frac{1}{3}\right)^2$
㉢ $(-3)^3$
㉣ $\{-(-2)\}^3$
㉤ $(-1)^{100}$

86 $(-1)+(-1)^2+(-1)^3+\cdots+(-1)^{99}+(-1)^{100}$을 계산해 봅시다.

87 세 수 a, b, c에 대하여 $a\times b=-3$, $b\times c=7$일 때, $b\times(a-c)$의 값을 구하시오.

88 다음 주어진 식을 분배법칙을 이용하여 계산하시오.

$$(-3.25)\times 17+(1.25)\times 17$$

89 다음 중 서로 역수 관계인 것은?

① $-1,\ 1$　② $0.3,\ 3$　③ $-\frac{1}{4},\ 4$
④ $-\frac{3}{8},\ \frac{8}{3}$　⑤ $-0.5,\ -2$

90 -1.2의 역수는 A, $\frac{7}{16}$의 역수는 B일 때, $A\times B$의 값을 구해보자.

91 다음을 계산하여라.

① $\left(-\frac{7}{3}\right)\div\frac{28}{9}$

② $(-12)\div\left(-\frac{24}{5}\right)$

③ $\frac{15}{8}\div(-3.5)$

92 $a\times\left(-\frac{7}{5}\right)=1,\ b=\left(-\frac{7}{2}\right)\div\left(-\frac{21}{10}\right)$일 때, $a\div b$의 값을 구하여라.

93 $a<0,\ b>0$일 때, 다음 중 항상 양수인 것은?

① $a+b$　② $a-b$　③ $b-a$
④ $a\times b$　⑤ $a\div b$

94 세 수 a, b, c에 대하여 $a\times b>0,\ b>c,\ \frac{c}{a}<0$일 때, 다음 중 옳은 것은?

① $a>0, b>0, c>0$　② $a>0, b<0, c>0$
③ $a>0, b>0, c<0$　④ $a<0, b>0, c>0$
⑤ $a<0, b<0, c<0$

95 $(-3)^3\times\frac{15}{24}\div\left(-\frac{25}{4}\right)$를 계산해 볼까요?

96 다음 주어진 식을 각각 ①, ②, ③이라고 할 때, (①+②)×③의 값을 구하여 보시오.

① = $\frac{1}{8}\div\left(-\frac{1}{24}\right)\div(-3)^3$

② = $(-20)\div 0.5\times\frac{1}{45}$

③ = $\left(-\frac{3}{2}\right)^2\times(-6)\div\frac{21}{4}$

97 다음 식을 계산할 때의 순서를 쓰고, 그 답을 구하시오.

$$-3+2\div\left\{(-4)+(-1)^4\times\frac{16}{3}\right\}$$

(㉠: $-3+$, ㉡: $2\div$, ㉢: $(-4)+$, ㉣: $(-1)^4$, ㉤: $\times\frac{16}{3}$)

98 $a=\left(-\frac{10}{7}\right)-\left[\left\{\left(-\frac{15}{4}\right)\times\left(\frac{5}{3}-\frac{7}{4}\right)-\frac{3}{8}\right\}\div\frac{7}{32}\right]$이다. a에 가장 가까운 정수를 x라 할 때, x^4의 값을 구하여라.

99 다음 □ 안에 알맞은 수를 구하여라.

$$\left(-\frac{7}{2}\right)\div\square=\frac{3}{4}$$

100 $(-6)\times A=-\frac{1}{3}$, $B\div 3=\frac{3}{4}$일 때, $A\times B$의 값을 구하여라.

101 두 수 a, b에 대하여 $a◎b=(a+b)\times(-3)$일 때, $\left(-\frac{7}{8}\right)◎\frac{5}{12}$를 계산하여라.

102 수직선의 원점을 출발점으로 하여 동전의 앞면이 나오면 오른쪽으로 3만큼, 뒷면이 나오면 왼쪽으로 2만큼 이동한다고 한다. 옥룡이와 추동이가 각각 5번씩 동전 던지기를 하여 옥룡이는 앞면이 3번, 추동이는 뒷면이 3번 나왔다고 할 때, 수직선 위 옥룡이와 추동이가 위치한 두 점 사이의 거리를 구하여라.

103 $x\times y\times(-7)\times y\times x\times x$를 곱셈 기호를 생략하여 나타내 보시오.

104 다음 중 옳지 않은 것을 모두 고르시오.

① $(-5)\times x\times y=-5xy$

② $a\times b\times(-1)\times b=-ab^2$

③ $a\times b\times 0.1=0.ab$

④ $6a+b\div c=\frac{6a+b}{c}$

⑤ $3b\div c+2b\times\left(-\frac{1}{3}\right)=\frac{3b}{c}-\frac{2b}{3}$

105 백의 자리의 숫자가 x, 십의 자리의 숫자는 y, 일의 자리의 숫자는 z인 세 자리의 자연수가 있다. 이 자연수를 문자를 사용한 식으로 나타내어라.

106 400원짜리 과자 a개와 700원짜리 라면 b개를 사고 5000원을 냈을 때, 문자를 사용하여 거스름돈을 나타내어라.

107 윗변의 길이가 $a\,cm$, 아랫변의 길이가 $7\,cm$, 높이가 $h\,cm$인 사다리꼴의 넓이를 a와 h를 사용한 식으로 나타내어라.

108 아래 그림과 같은 도형의 넓이를 문자를 사용하여 나타내시오.

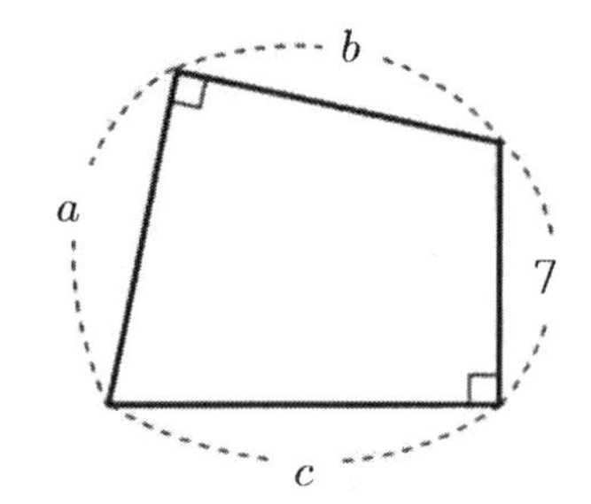

109 다음 중 옳은 것을 모두 고르시오.

① $20kg$의 $a\%$ ⇨ $20a\,(kg)$

② 정가가 1000원인 과자를 $a\%$ 할인하여 판매한 가격 ⇨ $(1000-10a)$원

③ 시속 $5km$로 x시간 동안 걸어간 거리 ⇨ $5x(km)$

④ 농도가 10%인 소금물 $y\,g$에 녹아 있는 소금의 양 ⇨ $10y(g)$

⑤ 시속 $a\,km$의 속력으로 $10km$ 거리를 걸을 때 걸리는 시간 ⇨ $10a$(시간)

110 아래 표는 옥룡중학교 1학년 4반 남학생 x명과 여학생 y명의 수학 평균 점수를 나타낸 것이다. 1학년 4반 전체 학생 수가 50명일 때, 반 전체의 수학 평균 점수를 x, y를 사용하여 나타내어라.

	인원수	평균
남학생	x명	62점
여학생	y명	59점

111 $x=-2$, $y=-3$일 때, $-x^3-2y^2$의 값을 구하여라.

112 $a=-2$일 때, $-\frac{5a^2}{6}-\frac{a^3}{3}$의 값을 구하여라.

113 미국에서 사용하는 온도 측정단위는 화씨(℉)이고 우리나라는 섭씨(℃)를 사용한다. 화씨 x℉는 섭씨 $\frac{5}{9}(x-32)$℃로 나타낸다. 그렇다면 화씨 77℉는 섭씨 몇 ℃인가?

114 사람의 표준 몸무게는 키가 $h\,cm$일 때, $0.9(h-100)\,kg$이다. 키가 $170\,cm$인 사람의 표준 몸무게를 구하여라.

115 다음 중 단항식을 모두 고르시오.

① -27　② $-5a+3b$　③ $3x^2-2x$

④ $\frac{1}{4}a$　⑤ $xy-x$

116 다음 중 다항식 $-7x^2-2x+5$에 대한 설명으로 옳지 <u>않은</u> 것은?

① 다항식의 차수는 2이다.

② x의 계수는 -2이다.

③ 상수항은 5이다.

④ 항은 $-7x^2$, $2x$, 5이다.

⑤ x^2의 계수는 -7이다.

117 다음 중 일차식인 것을 모두 고르시오.

① $-2x^2+5$　② $0.5x-2$

③ $0\times 2x^2-10x+28$　④ $-\frac{5}{x}+2$

⑤ $-9y^3$

118 다항식 $2x+5x^2-3x-2+\square x^2$이 일차식이 되도록 □ 안에 알맞은 수를 넣으시오.

119 $(-27x+18)\div\left(-\frac{9}{2}\right)$를 계산하여라.

120 $(-7+3x)\times(-4)$를 간단히 하면 $ax+b$가 된다. 이때 $a-b$의 값을 구하여라.

121 다음 중 동류항끼리 짝지어진 것을 고르면?

① $4x$, $2x^2$　② xy^2, $-x^2y$

③ $-2y^2$, $-\frac{y^2}{5}$　④ $\frac{1}{2}a$, $0.2a^2$

⑤ $3b$, $\frac{3}{b}$

122 동류항끼리 짝지어 줍시다.

① $-27x^2$ ㉠ $x\times(-2)\times x$

② $-\dfrac{xy}{28}$ ㉡ $(-5)\times x\times 2\times y$

③ $3a^2$ ㉢ $a\times a\div 3$

123 다음 중 옳은 것은?

① $(2x-1)+(3x+5)=5x-5$
② $2(x-2)-(x+7)=x+3$
③ $-(5a-b)+(2a+b)=-7a+2b$
④ $2(2b-3)-3(b-2)=b$
⑤ $(x+2)-(2x+3)=-x+1$

124 $3(2x-1)-\dfrac{1}{2}(x-4)=ax+b$이다.

$a\div b$의 값을 구하여라.

125 $\dfrac{10x+3}{5}-\dfrac{2x-1}{3}$을 계산하여라.

126 다음 식을 간단히 하였을 때, 상수항은?

$$10x+5-[5x-2\{-3(2x+1)-x\}]$$

127 $A=-3x+2$, $B=2x-5$일 때, $2A-B$를 간단히 하시오.

128 $A=-3x+27$, $B=-\dfrac{2}{3}x-\dfrac{7}{4}$일 때,

$-\dfrac{1}{3}A+24B$를 간단히 하여라.

129 어떤 다항식에서 $5x-9$를 빼었더니 $-3x+7$이 되었다. 어떤 다항식을 구하여라.

130 어떤 다항식에서 $-7x+12$를 더해야 하는데 잘못 보아서 뺄셈을 하였더니 $-3x+11$이 되었다. 바르게 계산한 식을 구하여 보시오.

131 $x-19$에서 어떤 다항식을 빼야하는데 잘못해서 더하였더니 $-x+10$이 되었다. 바르게 계산한 식을 구하여 보면?

유행 PocKet 2

① 소인수분해

유형 01

1 $\frac{1}{3^a}=\frac{1}{81}$, $7^b=343$을 만족하는 자연수 a, b에 대한 $a-b+10$의 값을 구하시오.

2 23^{107}의 일의 자리의 숫자는?

유형 02

3 다음 중 옳은 것을 모두 고르시오. (정답 2개)

① 3의 배수는 모두 합성수이다.
② 13 이하의 소수는 모두 홀수이다.
③ 짝수는 모두 합성수이다.
④ 약수가 3개 이상인 자연수는 합성수이다.
⑤ 39의 약수 중 소수는 2개이다.

4 30과 50 사이의 모든 소수를 작은 수부터 차례로 나열했을 때, 세 번째 수를 구하여라.

유형 03

5 315를 소인수분해하면 $3^p\times5\times q$이다. 자연수 p, q에 대하여 $q-p$의 값을 구하여라.

6 675를 소인수분해하면 $a^x\times b^y$일 때, 자연수 a, b, x, y에 대하여 $a+b-x+y$의 값을 구하여라.
(단, $a<b$이다.)

유형 04

7 585의 모든 소인수의 합을 구하여라.

8 72의 모든 소인수의 합을 100의 소인수 중에서 가장 큰 수로 나눈 몫을 구하여라.

유형 05

9 $175\times x=y^2$을 성립하게 하는 가장 작은 자연수 x와 y에 대하여 $y-x$의 값을 구하여라.

10 18에 자연수를 곱하면 어떤 자연수의 제곱이 된다. 곱해서 제곱이 되게 하는 가장 작은 자연수를 x, 두 번째로 작은 자연수를 y라 할 때, $x+y$의 값을 구하여라.

유형 06

11 $2^x\times11$의 약수의 개수와 147의 약수의 개수가 같을 때, 자연수 x의 값은?

12 $54\times\square$의 약수의 개수가 24개일 때, 다음 중 $\square$ 안의 값이 될 수 없는 것을 고르시오.

① 25 ② 16 ③ 9 ④ 49 ⑤ 36

13 1에서 60까지 자연수 중에서 약수의 개수가 3개인 수를 모두 구하시오.

유형 07

14 세 수 $2^a\times3^b\times5$, 72, 180의 최대공약수가 $2^2\times3$, 최소공배수가 $2^3\times3^2\times5$일 때, 자연수 a와 b를 모두 구하여라.

15 세 수 A, $3^2\times5\times11^3$, $3^2\times5^2\times7\times11^4$의 최대공약수는 $3^2\times5\times11^2$이다. 다음 중 A가 될 수 있는 수를 2개 고르시오.

① $3^2\times5\times7$ ② $3^2\times5^2\times7\times11^2$

③ $3^4\times5^2\times7^2\times11^2$ ④ $3^3\times5\times11^3$

⑤ $3\times5^3\times11^3$

유형 08

16 다음 세 수 A, B, 1000의 최대공약수가 200이라고 할 때, 다음 중 세 수 A, B, 1000의 공약수가 아닌 것을 모두 고르시오.

㉠ 2^3	㉡ 4×5^2	㉢ $2^4\times5$
㉣ $2^3\times5^3$	㉤ 2×5	

17 두 수 $2^3\times3^2\times5$, $2^2\times3^3\times5\times7$의 최대공약수를 A라 하고 두 수 $2^3\times3\times5\times11$, $2\times3\times5^2$의 최소공배수를 B라고 할 때, A와 B의 공약수의 개수를 구하시오.

유형 09

18 50보다 작은 자연수 중에서 10과 서로소인 자연수의 개수를 구하여라.

19 10보다 크고 20보다 작은 자연수 중에서 아래 내용을 만족하는 두 자연수 a와 b를 모두 구하시오.

> ㉠ a와 b는 서로소가 아니다.
> ㉡ $a-b=3$이다.

유형 10

20 세 자연수 $3^3\times5^4\times7^3$, $3^a\times5^5\times7$, $3^4\times5^b\times7^2$의 최대공약수는 $3^2\times5^3\times7^c$이다. 세 자연수 a, b, c에 대하여 $a\times b-c$의 값을 구하시오.

유형 11

21 세 자연수 56, 48, $2^3\times3\times7$의 최소공배수를 구하시오.

22 두 수 28과 72의 최소공배수의 소인수 합을 구하여라.

유형 12

23 세 수 6, 15, 18의 공배수 중에서 800에 가장 가까운 자연수를 구하여라.

유형 13

24 두 자연수 $2^a\times3\times5^3$, $2^3\times3^b\times5$의 최대공약수는 60이고 최소공배수는 $2^3\times3^2\times5^c$이다. 자연수 a, b, c에 대한 $a+b-c$의 값을 구하여라.

25 두 수 36과 48의 공배수는 자연수 $16\times\square$의 배수가 된다고 할 때, □ 안에 들어갈 가장 작은 자연수를 구하여라.

유형 14

26 세 자연수의 비가 $2:4:5$이고 최소공배수는 140이다. 이를 만족하는 세 자연수를 구하여라.

27 세 자연수의 비가 $3:5:30$이고 최소공배수는 150이라 고 할 때, 세 자연수의 최대공약수를 구하여라.

15

28 최대공약수가 9이고 최소공배수는 54인 두 자연수를 P, Q라 할 때, $P-Q$를 구하시오.
(단, $P>Q$이다.)

16

29 백운마트에서 바나나 72개, 배 48개, 사과 60개를 가능한 한 많은 바구니에 똑같이 나누어 담아서 포장 판매하려고 한다. 이때 만들어진 바구니의 개수는 a개이고 한 바구니에 들어가는 과일의 개수는 바나나 b개, 배 c개, 사과 d개라 할 때, $a+b+c-d$의 값을 구하시오.

17

30 밑면의 가로의 길이가 $60cm$, 세로의 길이는 $90cm$, 높이는 $120cm$인 직육면체 모양의 나무토막을 정육면체 모양으로 남는 부분 없이 똑같은 크기로 자르려고 한다. 이때 만들어지는 크기가 최대인 정육면체의 개수를 구하여라.

31 가로가 $54m$, 세로는 $30m$인 직육면체 모양의 논에 모내기를 끝내고 논 둑(둘레)에 일정한 간격으로 콩을 심으려고 한다. 가능한 한 심는 콩의 개수를 적게 하려고 할 때, 심는 콩의 개수를 구하여라.
(단, 콩은 한 곳에 1개씩 심고, 네 모퉁이에도 반드시 콩을 심는다.)

18

32 어떤 수로 32를 나누면 2가 남고, 57을 나누면 3이 남고, 104를 나누면 4가 부족하다고 할 때, 어떤 수를 구하여라.

33 공책 87권, 연필 120자루를 가능한 한 많은 학생들에게 똑같이 나누어 주려고 하는데 공책은 3권이 남고, 연필은 6자루가 부족하다. 이때 학생 수를 구하여라.

19

34 3초 동안 켜져 있다 2초 동안 꺼지는 빨간색 점멸등, 6초 동안 켜져 있다 3초 동안 꺼지는 노란색 점멸등, 10초 동안 켜져 있다 5초 동안 꺼지는 파란색 점멸등이 있다. 오전 10시에 세 개의 점멸등이 동시에 켜졌다면 그 이후부터 오전 10시 30분까지 세 개의 점멸등이 동시에 켜지는 횟수를 구하시오.

35 가로 $56cm$, 세로 $42cm$인 직사각형 모양의 종이를 겹치지 않게 빈틈없이 붙여 가장 작은 정사각형을 만들려고 한다. 다음 물음에 답하여라.

(1) 정사각형 한 변의 길이를 구하시오.

(2) 사용된 직사각형 모양의 종이는 모두 몇 장인지 구하여라.

유형 20

36 서로 맞물려서 돌아가는 두 톱니바퀴 A와 B가 있다. A의 톱니 수는 80개, B의 톱니 수는 60개일 때, A, B 톱니바퀴가 같은 톱니에서 처음으로 다시 맞물릴 때까지 A와 B 톱니바퀴는 각각 몇 바퀴 회전하였는지 구하시오.

유형 21

37 어떤 세 자리 자연수를 6으로 나누면 3이 남고, 8로 나누면 5가 남고, 9로 나누면 6이 남는다고 할 때, 세 자리 자연수 중 500에 가장 가까운 자연수를 구하여라.

38 1학년 학생들이 4박 5일의 일정으로 역사 여행에 참가하였다. 이때 참가자들을 한 방에 똑같이 배정하려고 할 때, 3명씩 배정하면 1명이 남고, 4명씩 배정하면 2명이 남고, 5명씩 배정하면 3명이 남는다고 한다. 참가한 1학년 학생 수가 110명보다 많고 150명보다 적다고 할 때, 참가한 1학년 전체 학생 수를 구하여라.

유형 22

39 두 분수 $\frac{35}{6}$, $\frac{25}{8}$ 중 어느 것에 곱하여도 자연수가 되게 하는 수 중에서 가장 작은 기약분수를 구하여라.

② 정수와 유리수

유형 23

40 다음 중 자연수가 아닌 정수를 2개 고르시오.

① $+2$ ② 0 ③ 10 ④ -3 ⑤ $-\frac{3}{10}$

유형 24

41 다음 수에 대한 설명으로 옳은 것은?

$-\frac{12}{4}$, $+5$, -2.7, 0, -11, $2\frac{2}{3}$

① 자연수는 2개이다.
② 정수는 3개이다.
③ 정수가 아닌 유리수는 4개이다.
④ 음의 유리수는 3개이다.
⑤ 유리수는 5개이다.

42 다음 설명 중 옳은 것은?

① 0은 유리수가 아니다.
② 양의 정수와 음의 정수를 통틀어 정수라 한다.
③ 서로 다른 두 정수 사이에는 무수히 많은 정수가 존재한다.
④ 자연수는 유리수이다.
⑤ 음의 정수는 분수로 나타낼 수 없다.

유형 25

43 수직선에서 $\frac{17}{4}$에 가장 가까운 정수를 x, $-\frac{5}{3}$에 가장 가까운 정수를 y라 할 때, x, y의 값을 구하여라.

유형 26

44 절댓값이 6인 두 수를 수직선 위에 나타낼 때, 대응하는 두 점 사이의 거리를 구하여라.

유형 27

45 다음 수에 대한 설명으로 옳지 않은 것을 고르시오.

-6, $\frac{9}{4}$, -3.1, 0, $-\frac{1}{2}$, $+\frac{8}{3}$

① 가장 작은 수는 -6이다.
② 절댓값이 가장 큰 수는 -6이다.
③ 가장 큰 수는 $\frac{8}{3}$이다.
④ 절댓값이 가장 작은 수는 $-\frac{1}{2}$이다.
⑤ 수직선 위에 나타내었을 때, 왼쪽에서 두 번째 수는 -3.1이다.

유형 28

46 다음 중 옳은 것을 2개 고르시오.

① 음수의 절댓값은 0보다 작다.
② $\left|-\frac{2}{3}\right|=\left|\frac{2}{3}\right|$이다.
③ a는 음수, b는 양수이면 $|a|<|b|$이다.
④ 절댓값의 최솟값은 0이다.
⑤ $|a|=b$일 때, 유리수 a는 2개다.

유형 29

47 수직선에서 두 수 a, b를 나타내는 두 점 사이 거리가 $\frac{18}{5}$이다. 두 수 a, b의 절댓값이 같다고 할 때, 유리수 b를 구하여라. (단, $a>b$이다.)

유형 30

48 다음을 부등호를 사용하여 나타내어라.

(1) x는 -5보다 작지 않고 3보다 작거나 같다.

(2) x는 $-\frac{2}{3}$ 초과 1 이하이다.

(3) x는 10보다 크지 않다.

유형 31

49 $-\frac{17}{3}$과 $\frac{19}{5}$ 사이에 있는 정수 중 절댓값이 가장 큰 수를 구하여라.

유형 32

50 $|x| \le k$를 만족하는 정수 x의 개수가 27개일 때, 자연수 k의 값을 구하시오.

유형 33

51 다음 중 계산 결과가 가장 큰 것은?

① $(+23)+(-27)$
② $\left(-\frac{1}{2}\right)+\left(-\frac{2}{3}\right)$
③ $(+11)+(-12)$
④ $\left(-\frac{5}{2}\right)+\left(+\frac{11}{5}\right)$
⑤ $(-3)+\left(+\frac{13}{6}\right)$

유형 34

52 다음 계산 과정에서 ㉠~㉣에 알맞은 것을 구하여라.

$(-5.2)+(+9)+(-3.8)$
$=(+9)+(-5.2)+(-3.8)$ ← 덧셈의 (㉠)법칙
$=(+9)+\{(-5.2)+(-3.8)\}$ ← 덧셈의 (㉡)법칙
$=(+9)+($ ㉢ $)$
$=($ ㉣ $)$

유형 35

53 다음 중 (가)에서 가장 큰 수를 x, (나)에서 절댓값이 가장 큰 수를 y라 할 때, $x-y$의 값을 구하여라.

(가) $-2.3,\ -\frac{5}{4},\ -5.1,\ -\frac{11}{5}$

(나) $+2.7,\ -3,\ -\frac{19}{6},\ +\frac{7}{3}$

유형 36

54 다음 중 계산 결과가 옳지 않은 것은?

① $-3+2-(+7)+4=-4$

② $\left|-\frac{4}{3}\right|-3+\frac{1}{2}=-\frac{7}{6}$

③ $\left(-\frac{5}{4}\right)-\left(-\frac{3}{2}\right)+\left(-\frac{1}{3}\right)=-\frac{1}{12}$

④ $-3.5+\frac{17}{5}+1-\left|-\frac{3}{2}\right|=+2.4$

⑤ $-5.4+2.7+0.5-2=-4.2$

55 다음을 계산하시오.

$$-2+4-6+8-10+\cdots+48-50$$

유형 37

56 $\frac{13}{4}$보다 3만큼 작은 수는 a이고 $-\frac{25}{8}$보다 $-\frac{3}{4}$만큼 작은 수는 b이다. a에 가장 가까운 정수를 x, b에 가장 가까운 정수를 y라 할 때, $x-y$의 값을 구하여라.

57 $\left(-\frac{11}{5}\right)+x=\frac{7}{15}$을 만족시키는 유리수 x의 값을 구하여라.

유형 38

58 $\frac{9}{4}$에서 어떤 수를 더해야 하는데 잘못 보아 빼었더니 $-\frac{3}{2}$이 되었다. 바르게 계산한 답을 구하여라.

유형 39

59 아래 삼각형 그림에서 각 변에 놓인 네 수의 합이 모두 같다고 할 때, $x-y$를 구하여라.

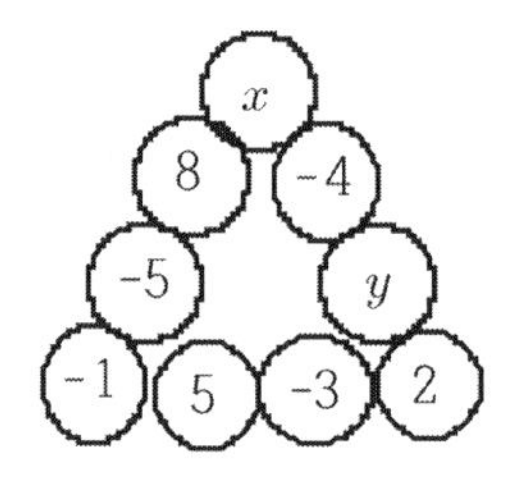

60 아래 그림에서 사다리 게임을 하려고 한다. 출발점에 있는 수에 이동하는 길에 있는 숫자카드 3, b, c의 수를 더하면서 이동하면 도착점에 있는 수가 된다고 할 때, $a+b-c$를 구하여라.

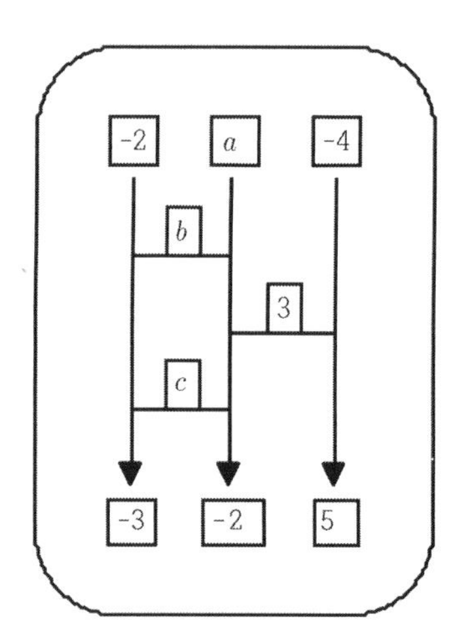

유형 40

61 두 수 a, b에 대해 $|a|=5$, $|b|=9$일 때, $a+b$의 값 중 가장 큰 값을 P, 가장 작은 값은 Q라고 할 때, P와 Q의 차를 구하여라.

유형 41

62 다음을 계산하여라.

(1) $\left(-\frac{2}{3}\right)\times(+0.9)$

(2) $(-6)\times\left(-\frac{5}{3}\right)$

(3) $(-0.5)\times\left(-\frac{5}{6}\right)\times\left|-\frac{3}{5}\right|$

(4) $\left(-\frac{4}{7}\right)\times\left(\frac{14}{5}\right)\times\left(-\frac{15}{8}\right)$

63 다음을 계산하여라.

$\frac{3}{2}\times\left(-\frac{4}{3}\right)\times\left(\frac{5}{4}\right)\times\cdots\times\left(\frac{49}{48}\right)\times\left(-\frac{50}{49}\right)$

유형 42

64 다음 계산 과정에서 ㉠~㉣에 알맞은 것을 구하시오.

$$\left(-\frac{5}{3}\right)\times(-6)\times\left(-\frac{9}{10}\right)$$
$$=\left(-\frac{5}{3}\right)\times\left(-\frac{9}{10}\right)\times(-6)$$
$$=\left\{\left(-\frac{5}{3}\right)\times\left(-\frac{9}{10}\right)\right\}\times(-6)$$
$$=\boxed{㉢}\times(-6)$$
$$=\boxed{㉣}$$

곱셈의 (㉠)법칙

곱셈의 (㉡)법칙

유형 43

65 $\frac{3}{4}$, $\frac{5}{6}$, $-\frac{3}{10}$, $-\frac{2}{3}$ 네 수 중에서 세 수를 뽑아 곱한 값 중 가장 큰 값과 가장 작은 값의 합을 구하여라.

유형 44

66 $-2^3+(-1)^{99}-(-1)^{50}-(-3)^3$을 계산하여라.

67 다음 주어진 식에서 n이 홀수일 때 나오는 값을 a라 하고 n이 짝수일 때 나오는 값을 b라 할 때, $a-b$의 값을 구하여라.

$$(-1)^n+(-1)^{n+3}-(-1)^{n+1}$$

유형 45

68 다음 식을 분배법칙을 이용하여 계산하여라.
(단, $98=100-2$라는 등식을 이용한다.)

35×98

69 세 유리수 a, b, c에 대하여
$a\times b=\frac{7}{2}$, $a\times(b+c)=-1$을 만족한다고 할 때, $a\times c$의 값을 구하여라.

유형 46

70 오른쪽 전개도 그림을 접으면 정육면체가 된다. 만들어진 정육면체에서 서로 마주보는 면의 두 수가 역수일 때, $a\times b\times c$의 값을 구하여라.

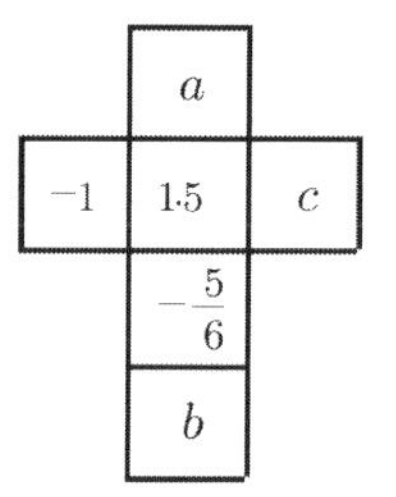

71 다음 식을 만족하는 유리수 A와 B가 존재한다.

$$A-B=\frac{3}{4}$$

이때 -2.5의 역수를 A, B의 역수를 C라고 할 때, $-23\times C$의 값을 구하여라.

유형 47

72 -5보다 $-\frac{1}{2}$만큼 작은 수를 x, 3보다 $-\frac{5}{2}$만큼 큰 수를 y, $-\frac{5}{27}$의 역수를 z라 할 때, $x\div y\div z$의 값을 구하여라.

유형 48

73 $a\neq b$, $|a|=|b|$이고 $|b|<|c|$, $a>0$, $bc>0$ 일 때 다음 중 옳은 것은?

① $a-b<0$, $a\times b<0$
② $a-b<0$, $b-c>0$
③ $a-b>0$, $a+c<0$
④ $b-c<0$, $a\div b=-1$
⑤ $a\times b<0$, $b+c>0$

유형 49

74 다음 주어진 식을 각각 P, Q라고 할 때, $P\times Q$ 의 값을 구하여라.

$$P=(-2)^3\times\frac{7}{4}\div\frac{14}{3},\qquad Q=-\frac{2}{5}\div\frac{11}{3}\div\left(-\frac{9}{10}\right)$$

유형 50

75 $A=(-2)^3\div\left[\left\{\frac{7}{6}-(-1)^4\right\}\times\left(-\frac{4}{3}\right)\right]-36\times\frac{11}{12}$일 때, A와 절댓값이 같은 수를 구하여라.

76 다음 □ 안에 알맞은 수를 구하여라.

$$\left(-\frac{1}{3}\right)\div\square\times\left(0.5+\frac{1}{4}\right)=\frac{3}{5}$$

77 다음 □ 안에 알맞은 수를 구하여라.

$$(-6)\times\left(-\frac{3}{2}\right)^2\times\square\div\frac{9}{5}-3=-5$$

78 $a*b=a\div b+1$, $a\star b=2-a\times b$일 때,

$\{42*(-7)\}\star\frac{11}{5}$을 계산하여라.

유형 51

79 경민이와 유진이는 사탕 20개가 들어 있는 바구니를 각자 1개씩 가지고 있고 둘 사이에 빈 바구니 1개를 놓는다. 가위바위보를 해서 이기면 사탕 3개를 상대방으로부터 가져오고 비기면 사탕 1개를 빈 바구니에 넣는 게임을 하려고 한다. 이때 경민이가 3번 이기고 2번지고 1번 비겼다고 할 때, 유진이가 가지고 있는 바구니 안 사탕은 모두 몇 개인지 구하여라.

③ 문자의 사용과 식의 계산

유형 52

80 다음 중 옳은 것은?

① $a \div b \div 6 = \frac{ab}{6}$

② $a \div (-5) \times b = -\frac{a}{5b}$

③ $a \times (b \div c) = \frac{ab}{c}$

④ $4 \times a \div b = \frac{4b}{a}$

⑤ $a \div (b \div c) = \frac{ab}{c}$

유형 53

81 다음 중 옳지 않은 것은?

① 소수점 아래 첫째자리 숫자는 x, 소수점 아래 둘째 자리의 숫자는 y인 소수는 $0.1x + 0.01y$이다.

② a분 b초는 $\left(a + \frac{b}{60}\right)$분이다.

③ 20개에 x원인 사탕 한 개의 가격은 $\frac{x}{20}$원이다.

④ $x\,m$와 $y\,cm$의 길이의 합은 $(x+y)cm$이다.

⑤ 한 판에 a개인 달걀 10판의 전체 달걀 개수는 $10a$개이다.

유형 54

82 오른쪽 도형의 둘레의 길이와 넓이를 x와 y를 사용한 문자의 식으로 나타내어라.

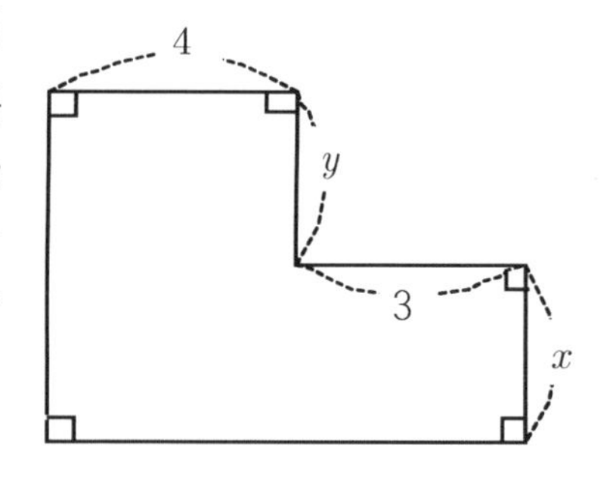

유형 55

83 밑면의 가로가 $x\,cm$, 세로는 $y\,cm$, 높이는 $z\,cm$인 직육면체의 겉넓이와 부피를 x, y, z를 사용한 문자의 식으로 나타내어라.

유형 56

84 추동 마을에서 출발하여 $x\,km$ 떨어진 옥룡중학교까지 시속 $10\,km$로 걸어갔다. 중간에 20분 동안 휴식을 취하였다고 할 때, 추동 마을에서 출발하여 옥룡중학교에 도착할 때까지 걸린 시간을 문자를 사용한 식으로 나타내어라.

85 다음을 문자를 사용한 식으로 나타내어라.

(1) 소금물 $200g$의 농도가 x%라고 할 때, 소금물에 들어 있는 소금의 양

(2) 정가가 a원인 바나나를 25% 할인하여 구매하면서 지불한 금액

유형 56

86 $a=-1$, $b=-2$일 때, 다음 중 식의 값이 가장 작은 것을 고르시오.

① $-a^2+b^2$ ② a^3-ab
③ $-\frac{b^3}{3}-a$ ④ $\frac{-a+b^3}{ab}$
⑤ $a^{99}-\frac{b^5}{8}$

87 $a=-\frac{1}{3}$, $b=-\frac{1}{4}$, $c=\frac{1}{5}$일 때, $\frac{1}{a}-\frac{2}{b}-\frac{3}{c}$의 값을 구하여라.

유형 57

88 물 $20L$가 들어 있는 물통에 호스를 연결하여 1분에 $0.5L$씩 물을 빼내려고 한다. x분 후에 물통에 남아 있는 물의 양을 x를 사용한 식으로 나타내고, 12분 후에 물통에 남아 있는 물의 양을 구하여라.

유형 58

89 다음 중 옳은 것은?

① $2x-7$은 단항식이다.
② $\frac{3}{x}+5$는 다항식이다.
③ $+5x^2-x-7$에서 차수는 $+5$이다.
④ $-\frac{x}{3}-10$에서 x의 계수는 $-\frac{1}{3}$이다.
⑤ 다항식 $x^2+2x-15$의 항은 x^2, $2x$, 15이다.

유형 59

90 다음 중 일차식인 것을 모두 고르시오.

$-\frac{x}{2}-5$, $2x^2-5x-2$, $0.1a-1.5$
$0\times x^2+2x-5$, $\frac{4}{a}+10$, -8

유형 60

91 다음을 간단히 하여라.

(1) $(6x-18)\div\left(-\frac{3}{2}\right)$

(2) $\left(-8x+\frac{3}{10}\right)\div\frac{4}{5}$

92 다음 식을 계산한 결과가 $-(2-6x)$와 같은 것은?

① $(1+3x)\times(-2)$ ② $(12x-8)\div4$
③ $\left(x-\frac{1}{3}\right)\div\frac{1}{6}$ ④ $(2x-1)\div\frac{1}{3}$
⑤ $(4-12x)\times\frac{1}{2}$

유형 61

93 $-5x$와 동류항인 것은?

① $-5x^2$ ② $-5a$ ③ $-\frac{11}{8}x$ ④ $\frac{8}{x}$ ⑤ -5

유형 62

94 $\frac{3}{4}\left(\frac{8}{5}x-\frac{32}{3}\right)-(3x-6)\div\frac{3}{2}$을 간단히 하였을 때, x의 계수와 상수항의 곱을 구하여라.

95 아래 그림에서 색칠한 부분의 넓이를 문자를 사용한 식으로 나타내어라. (단위 cm)

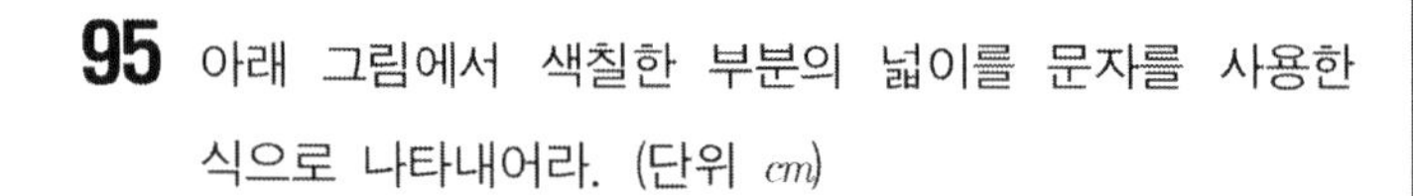

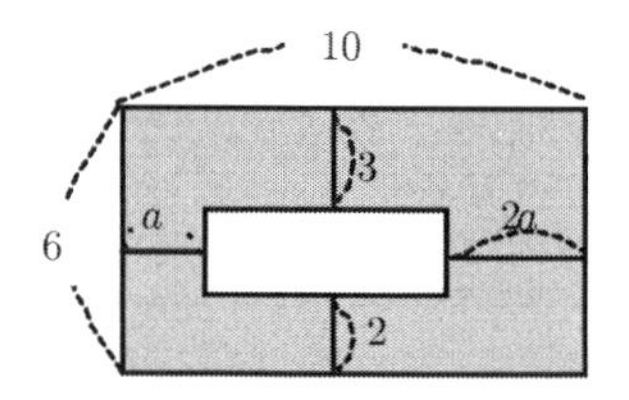

유형 63

96 다음 식을 간단히 하여라.

$$-2(x-3)-\left\{7-(10x-4)\times\frac{1}{2}\right\}+(18x-5)\times\left(-\frac{1}{6}\right)$$

97 $3\left(\frac{2x-5}{3}-\frac{x-3}{2}\right)+(3x-2)\div\frac{2}{3}$를 간단히 하여라.

유형 64

98 $A=-5x+2$, $B=7x-6$일 때, $-2(B-A)+3B$를 계산하여라.

유형 65

99 주어진 식 $2(-5a+3)-\square=-2a-7$에서 □ 안에 들어갈 알맞은 식을 구하여라.

유형 66

100 어떤 다항식에서 $-10x+\frac{1}{2}$을 더해야 하는데 잘못 보아서 뺄셈을 하였더니 $4x-\frac{1}{2}$이 되었다. 바르게 계산한 답을 구하여라.

다시 풀기

유형 PocKet 2

1 $\frac{1}{3^a}=\frac{1}{81}$, $7^b=343$을 만족하는 자연수 a, b에 대한 $a-b+10$의 값을 구하시오.

2 23^{107}의 일의 자리의 숫자는?

3 다음 중 옳은 것을 모두 고르시오. (정답 2개)

① 3의 배수는 모두 합성수이다.
② 13 이하의 소수는 모두 홀수이다.
③ 짝수는 모두 합성수이다.
④ 약수가 3개 이상인 자연수는 합성수이다.
⑤ 39의 약수 중 소수는 2개이다.

4 30과 50 사이의 모든 소수를 작은 수부터 차례로 나열했을 때, 세 번째 수를 구하여라.

5 315를 소인수분해하면 $3^p\times5\times q$이다. 자연수 p, q에 대하여 $q-p$의 값을 구하여라.

6 675를 소인수분해하면 $a^x\times b^y$일 때, 자연수 a, b, x, y에 대하여 $a+b-x+y$의 값을 구하여라.
(단, $a<b$이다.)

7 585의 모든 소인수의 합을 구하여라.

8 72의 모든 소인수의 합을 100의 소인수 중에서 가장 큰 수로 나눈 몫을 구하여라.

9 $175\times x=y^2$을 성립하게 하는 가장 작은 자연수 x와 y에 대하여 $y-x$의 값을 구하여라.

10 18에 자연수를 곱하면 어떤 자연수의 제곱이 된다. 곱해서 제곱이 되게 하는 가장 작은 자연수를 x, 두 번째로 작은 자연수를 y라 할 때, $x+y$의 값을 구하여라.

11 $2^x\times11$의 약수의 개수와 147의 약수의 개수가 같을 때, 자연수 x의 값은?

12 $54\times\square$의 약수의 개수가 24개일 때, 다음 중 $\square$ 안의 값이 될 수 없는 것을 고르시오.

① 25 ② 16 ③ 9 ④ 49 ⑤ 36

13 1에서 60까지 자연수 중에서 약수의 개수가 3개인 수를 모두 구하시오.

14 세 수 $2^a\times3^b\times5$, 72, 180의 최대공약수가 $2^2\times3$, 최소공배수가 $2^3\times3^2\times5$일 때, 자연수 a와 b를 모두 구하여라.

15 세 수 A, $3^2\times5\times11^3$, $3^2\times5^2\times7\times11^4$의 최대공약수는 $3^2\times5\times11^2$이다. 다음 중 A가 될 수 있는 수를 2개 고르시오.

① $3^2\times5\times7$
② $3^2\times5^2\times7\times11^2$
③ $3^4\times5^2\times7^2\times11^2$
④ $3^3\times5\times11^3$
⑤ $3\times5^3\times11^3$

16 다음 세 수 A, B, 1000의 최대공약수가 200이라고 할 때, 다음 중 세 수 A, B, 1000의 공약수가 아닌 것을 모두 고르시오.

㉠ 2^3	㉡ 4×5^2	㉢ $2^4\times5$
㉣ $2^3\times5^3$	㉤ 2×5	

17 두 수 $2^3\times3^2\times5$, $2^2\times3^3\times5\times7$의 최대공약수를 A라 하고 두 수 $2^3\times3\times5\times11$, $2\times3\times5^2$의 최소공배수를 B라고 할 때, A와 B의 공약수의 개수를 구하시오.

18 50보다 작은 자연수 중에서 10과 서로소인 자연수의 개수를 구하여라.

19 10보다 크고 20보다 작은 자연수 중에서 아래 내용을 만족하는 두 자연수 a와 b를 모두 구하시오.

㉠ a와 b는 서로소가 아니다.
㉡ $a-b=3$이다.

20 세 자연수 $3^3\times5^4\times7^3$, $3^a\times5^5\times7$, $3^4\times5^b\times7^2$의 최대공약수는 $3^2\times5^3\times7^c$이다. 세 자연수 a, b, c에 대하여 $a\times b-c$의 값을 구하시오.

21 세 자연수 56, 48, $2^3\times3\times7$의 최소공배수를 구하시오.

22 두 수 28과 72의 최소공배수의 소인수 합을 구하여라.

23 세 수 6, 15, 18의 공배수 중에서 800에 가장 가까운 자연수를 구하여라.

24 두 자연수 $2^a\times3\times5^3$, $2^3\times3^b\times5$의 최대공약수는 60이고 최소공배수는 $2^3\times3^2\times5^c$이다. 자연수 a, b, c에 대한 $a+b-c$의 값을 구하여라.

25 두 수 36과 48의 공배수는 자연수 $16\times\square$의 배수가 된다고 할 때, □ 안에 들어갈 가장 작은 자연수를 구하여라.

26 세 자연수의 비가 2 : 4 : 5이고 최소공배수는 140이다. 이를 만족하는 세 자연수를 구하여라.

27 세 자연수의 비가 $3:5:30$이고 최소공배수는 150이라고 할 때, 세 자연수의 최대공약수를 구하여라.

28 최대공약수가 9이고 최소공배수는 54인 두 자연수를 P, Q라 할 때, $P-Q$를 구하시오.
(단, $P>Q$이다.)

29 백운마트에서 바나나 72개, 배 48개, 사과 60개를 가능한 한 많은 바구니에 똑같이 나누어 담아서 포장 판매하려고 한다. 이때 만들어진 바구니의 개수는 a개이고 한 바구니에 들어가는 과일의 개수는 바나나 b개, 배 c개, 사과 d개라 할 때, $a+b+c-d$의 값을 구하시오.

30 밑면의 가로의 길이가 $60cm$, 세로의 길이는 $90cm$, 높이는 $120cm$인 직육면체 모양의 나무토막을 정육면체 모양으로 남는 부분 없이 똑같은 크기로 자르려고 한다. 이때 만들어지는 크기가 최대인 정육면체의 개수를 구하여라.

31 가로가 $54m$, 세로는 $30m$인 직육면체 모양의 논에 모내기를 끝내고 논 둑(둘레)에 일정한 간격으로 콩을 심으려고 한다. 가능한 한 심는 콩의 개수를 적게 하려고 할 때, 심는 콩의 개수를 구하여라.
(단, 콩은 한 곳에 1개씩 심고, 네 모퉁이에도 반드시 콩을 심는다.)

32 어떤 수로 32를 나누면 2가 남고, 57을 나누면 3이 남고, 104를 나누면 4가 부족하다고 할 때, 어떤 수를 구하여라.

33 공책 87권, 연필 120자루를 가능한 한 많은 학생들에게 똑같이 나누어 주려고 하는데 공책은 3권이 남고, 연필은 6자루가 부족하다. 이때 학생 수를 구하여라.

34 3초 동안 켜져 있다 2초 동안 꺼지는 빨간색 점멸등, 6초 동안 켜져 있다 3초 동안 꺼지는 노란색 점멸등, 10초 동안 켜져 있다 5초 동안 꺼지는 파란색 점멸등이 있다. 오전 10시에 세 개의 점멸등이 동시에 켜졌다면 그 이후부터 오전 10시 30분까지 세 개의 점멸등이 동시에 켜지는 횟수를 구하시오.

35 가로 $56cm$, 세로 $42cm$인 직사각형 모양의 종이를 겹치지 않게 빈틈없이 붙여 가장 작은 정사각형을 만들려고 한다. 다음 물음에 답하여라.

(1) 정사각형 한 변의 길이를 구하시오.

(2) 사용된 직사각형 모양의 종이는 모두 몇 장인지 구하여라.

36 서로 맞물려서 돌아가는 두 톱니바퀴 A와 B가 있다. A의 톱니 수는 80개, B의 톱니 수는 60개일 때, A, B 톱니바퀴가 같은 톱니에서 처음으로 다시 맞물릴 때까지 A와 B 톱니바퀴는 각각 몇 바퀴 회전하였는지 구하시오.

37 어떤 세 자리 자연수를 6으로 나누면 3이 남고, 8로 나누면 5가 남고, 9로 나누면 6이 남는다고 할 때, 세 자리 자연수 중 500에 가장 가까운 자연수를 구하여라.

38 1학년 학생들이 4박 5일의 일정으로 역사 여행에 참가하였다. 이때 참가자들을 한 방에 똑같이 배정하려고 할 때, 3명씩 배정하면 1명이 남고, 4명씩 배정하면 2명이 남고, 5명씩 배정하면 3명이 남는다고 한다. 참가한 1학년 학생 수가 110명보다 많고 150명보다 적다고 할 때, 참가한 1학년 전체 학생 수를 구하여라.

39 두 분수 $\frac{35}{6}$, $\frac{25}{8}$ 중 어느 것에 곱하여도 자연수가 되게 하는 수 중에서 가장 작은 기약분수를 구하여라.

40 다음 중 자연수가 아닌 정수를 2개 고르시오.

① $+2$ ② 0 ③ 10 ④ -3 ⑤ $-\frac{3}{10}$

41 다음 수에 대한 설명으로 옳은 것은?

$-\frac{12}{4}$, $+5$, -2.7, 0, -11, $2\frac{2}{3}$

① 자연수는 2개이다.
② 정수는 3개이다.
③ 정수가 아닌 유리수는 4개이다.
④ 음의 유리수는 3개이다.
⑤ 유리수는 5개이다.

42 다음 설명 중 옳은 것은?

① 0은 유리수가 아니다.
② 양의 정수와 음의 정수를 통틀어 정수라 한다.
③ 서로 다른 두 정수 사이에는 무수히 많은 정수가 존재한다.
④ 자연수는 유리수이다.
⑤ 음의 정수는 분수로 나타낼 수 없다.

43 수직선에서 $\frac{17}{4}$에 가장 가까운 정수를 x, $-\frac{5}{3}$에 가장 가까운 정수를 y라 할 때, x, y의 값을 구하여라.

44 절댓값이 6인 두 수를 수직선 위에 나타낼 때, 대응하는 두 점 사이의 거리를 구하여라.

45 다음 수에 대한 설명으로 옳지 않은 것을 고르시오.

-6, $\frac{9}{4}$, -3.1, 0, $-\frac{1}{2}$, $+\frac{8}{3}$

① 가장 작은 수는 -6이다.
② 절댓값이 가장 큰 수는 -6이다.
③ 가장 큰 수는 $\frac{8}{3}$이다.
④ 절댓값이 가장 작은 수는 $-\frac{1}{2}$이다.
⑤ 수직선 위에 나타내었을 때, 왼쪽에서 두 번째 수는 -3.1이다.

46 다음 중 옳은 것을 2개 고르시오.

① 음수의 절댓값은 0보다 작다.
② $\left|-\frac{2}{3}\right|=\left|\frac{2}{3}\right|$이다.
③ a는 음수, b는 양수이면 $|a|<|b|$이다.
④ 절댓값의 최솟값은 0이다.
⑤ $|a|=b$일 때, 유리수 a는 2개다.

47 수직선에서 두 수 a, b를 나타내는 두 점 사이 거리가 $\frac{18}{5}$이다. 두 수 a, b의 절댓값이 같다고 할 때, 유리수 b를 구하여라. (단, $a>b$이다.)

48 다음을 부등호를 사용하여 나타내어라.

(1) x는 -5보다 작지 않고 3보다 작거나 같다.

(2) x는 $-\frac{2}{3}$ 초과 1 이하이다.

(3) x는 10보다 크지 않다.

49 $-\frac{17}{3}$과 $\frac{19}{5}$ 사이에 있는 정수 중 절댓값이 가장 큰 수를 구하여라.

50 $|x| \le k$를 만족하는 정수 x의 개수가 27개일 때, 자연수 k의 값을 구하시오.

51 다음 중 계산 결과가 가장 큰 것은?

① $(+23)+(-27)$ ② $\left(-\frac{1}{2}\right)+\left(-\frac{2}{3}\right)$

③ $(+11)+(-12)$ ④ $\left(-\frac{5}{2}\right)+\left(+\frac{11}{5}\right)$

⑤ $(-3)+\left(+\frac{13}{6}\right)$

52 다음 계산 과정에서 ㉠~㉣에 알맞은 것을 구하여라.

$(-5.2)+(+9)+(-3.8)$
$=(+9)+(-5.2)+(-3.8)$ ← 덧셈의 (㉠)법칙
$=(+9)+\{(-5.2)+(-3.8)\}$ ← 덧셈의 (㉡)법칙
$=(+9)+($ ㉢ $)$
$=($ ㉣ $)$

53 다음 중 (가)에서 가장 큰 수를 x, (나)에서 절댓값이 가장 큰 수를 y라 할 때, $x-y$의 값을 구하여라.

(가) $-2.3,\ -\frac{5}{4},\ -5.1,\ -\frac{11}{5}$

(나) $+2.7,\ -3,\ -\frac{19}{6},\ +\frac{7}{3}$

54 다음 중 계산 결과가 옳지 <u>않은</u> 것은?

① $-3+2-(+7)+4=-4$

② $\left|-\frac{4}{3}\right|-3+\frac{1}{2}=-\frac{7}{6}$

③ $\left(-\frac{5}{4}\right)-\left(-\frac{3}{2}\right)+\left(-\frac{1}{3}\right)=-\frac{1}{12}$

④ $-3.5+\frac{17}{5}+1-\left|-\frac{3}{2}\right|=+2.4$

⑤ $-5.4+2.7+0.5-2=-4.2$

55 다음을 계산하시오.

$-2+4-6+8-10+\cdots+48-50$

56 $\frac{13}{4}$보다 3만큼 작은 수는 a이고 $-\frac{25}{8}$보다 $-\frac{3}{4}$만큼 작은 수는 b이다. a에 가장 가까운 정수를 x, b에 가장 가까운 정수를 y라 할 때, $x-y$의 값을 구하여라.

57 $\left(-\frac{11}{5}\right)+x=\frac{7}{15}$을 만족시키는 유리수 x의 값을 구하여라.

58 $\frac{9}{4}$에서 어떤 수를 더해야 하는데 잘못 보아 빼었더니 $-\frac{3}{2}$이 되었다. 바르게 계산한 답을 구하여라.

59 아래 삼각형 그림에서 각 변에 놓인 네 수의 합이 모두 같다고 할 때, $x-y$를 구하여라.

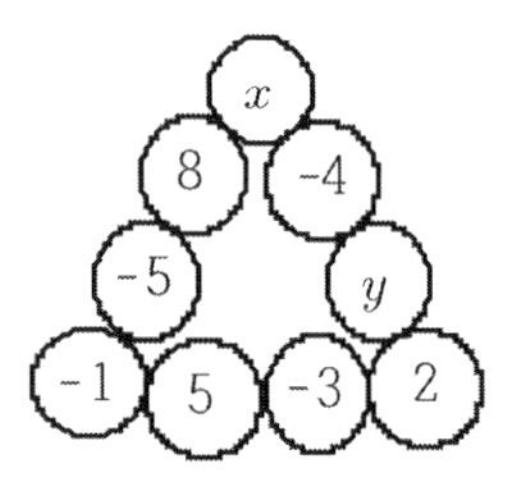

60 아래 그림에서 사다리 게임을 하려고 한다. 출발점에 있는 수에 이동하는 길에 있는 숫자카드 [3], [b], [c]의 수를 더하면서 이동하면 도착점에 있는 수가 된다고 할 때, $a+b-c$를 구하여라.

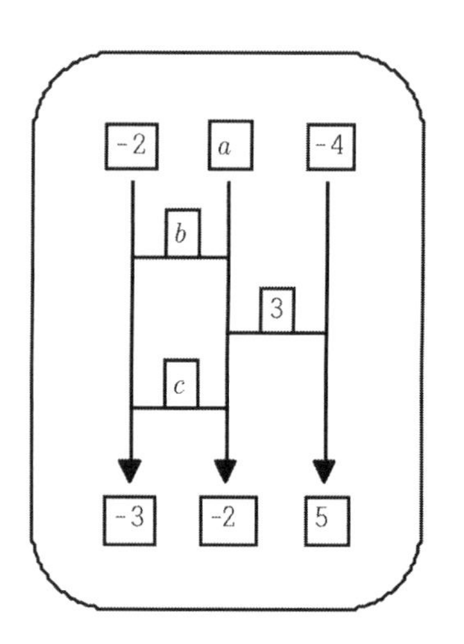

61 두 수 a, b에 대해 $|a|=5$, $|b|=9$일 때, $a+b$의 값 중 가장 큰 값을 P, 가장 작은 값은 Q라고 할 때, P와 Q의 차를 구하여라.

62 다음을 계산하여라.

(1) $\left(-\frac{2}{3}\right)\times(+0.9)$

(2) $(-6)\times\left(-\frac{5}{3}\right)$

(3) $(-0.5)\times\left(-\frac{5}{6}\right)\times\left|-\frac{3}{5}\right|$

(4) $\left(-\frac{4}{7}\right)\times\left(\frac{14}{5}\right)\times\left(-\frac{15}{8}\right)$

63 다음을 계산하여라.

$$\frac{3}{2}\times\left(-\frac{4}{3}\right)\times\left(\frac{5}{4}\right)\times\cdots\times\left(\frac{49}{48}\right)\times\left(-\frac{50}{49}\right)$$

64 다음 계산 과정에서 ㉠~㉣에 알맞은 것을 구하시오.

$\left(-\frac{5}{3}\right)\times(-6)\times\left(-\frac{9}{10}\right)$

곱셈의 (㉠)법칙

$=\left(-\frac{5}{3}\right)\times\left(-\frac{9}{10}\right)\times(-6)$

곱셈의 (㉡)법칙

$=\left\{\left(-\frac{5}{3}\right)\times\left(-\frac{9}{10}\right)\right\}\times(-6)$

$=$ [㉢] $\times(-6)$

$=$ [㉣]

65 $\frac{3}{4}$, $\frac{5}{6}$, $-\frac{3}{10}$, $-\frac{2}{3}$ 네 수 중에서 세 수를 뽑아 곱한 값 중 가장 큰 값과 가장 작은 값의 합을 구하여라.

66 $-2^3+(-1)^{99}-(-1)^{50}-(-3)^3$을 계산하여라.

67 다음 주어진 식에서 n이 홀수일 때 나오는 값을 a라 하고 n이 짝수일 때 나오는 값을 b라 할 때, $a-b$의 값을 구하여라.

$$(-1)^n+(-1)^{n+3}-(-1)^{n+1}$$

68 다음 식을 분배법칙을 이용하여 계산하여라.
(단, $98=100-2$라는 등식을 이용한다.)

$$35\times98$$

69 세 유리수 a, b, c에 대하여

$a\times b=\frac{7}{2}$, $a\times(b+c)=-1$을 만족한다고 할 때, $a\times c$의 값을 구하여라.

70 오른쪽 전개도 그림을 접으면 정육면체가 된다. 만들어진 정육면체에서 서로 마주보는 면의 두 수가 역수일 때, $a\times b\times c$의 값을 구하여라.

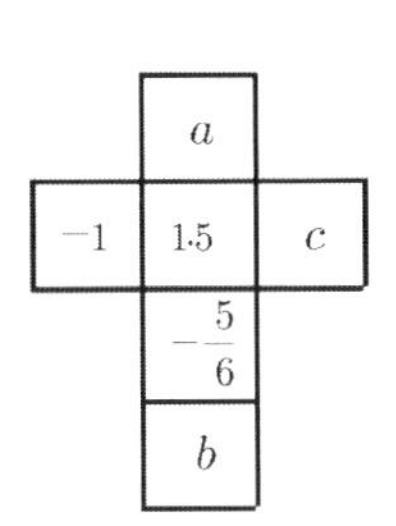

71 다음 식을 만족하는 유리수 A와 B가 존재한다.

$$A-B=\frac{3}{4}$$

이때 -2.5의 역수를 A, B의 역수를 C라고 할 때, $-23\times C$의 값을 구하여라.

72 -5보다 $-\frac{1}{2}$만큼 작은 수를 x, 3보다 $-\frac{5}{2}$만큼 큰 수를 y, $-\frac{5}{27}$의 역수를 z라 할 때, $x\div y\div z$의 값을 구하여라.

73 $a\neq b$, $|a|=|b|$이고 $|b|<|c|$, $a>0$, $bc>0$ 일 때 다음 중 옳은 것은?

① $a-b<0$, $a\times b<0$
② $a-b<0$, $b-c>0$
③ $a-b>0$, $a+c<0$
④ $b-c<0$, $a\div b=-1$
⑤ $a\times b<0$, $b+c>0$

74 다음 주어진 식을 각각 P, Q라고 할 때, $P\times Q$의 값을 구하여라.

$$P=(-2)^3\times\frac{7}{4}\div\frac{14}{3},\qquad Q=-\frac{2}{5}\div\frac{11}{3}\div\left(-\frac{9}{10}\right)$$

75 $A=(-2)^3\div\left[\left\{\frac{7}{6}-(-1)^4\right\}\times\left(-\frac{4}{3}\right)\right]-36\times\frac{11}{12}$일 때, A와 절댓값이 같은 수를 구하여라.

76 다음 □ 안에 알맞은 수를 구하여라.

$$\left(-\frac{1}{3}\right)\div\square\times\left(0.5+\frac{1}{4}\right)=\frac{3}{5}$$

77 다음 □ 안에 알맞은 수를 구하여라.

$$(-6)\times\left(-\frac{3}{2}\right)^2\times\square\div\frac{9}{5}-3=-5$$

78 $a*b=a\div b+1$, $a\star b=2-a\times b$일 때,

$\{42*(-7)\}\star\frac{11}{5}$을 계산하여라.

79 경민이와 유진이는 사탕 20개가 들어 있는 바구니를 각자 1개씩 가지고 있고 둘 사이에 빈 바구니 1개를 놓는다. 가위바위보를 해서 이기면 사탕 3개를 상대방으로부터 가져오고 비기면 사탕 1개를 빈 바구니에 넣는 게임을 하려고 한다. 이때 경민이가 3번 이기고 2번지고 1번 비겼다고 할 때, 유진이가 가지고 있는 바구니 안 사탕은 모두 몇 개인지 구하여라.

80 다음 중 옳은 것은?

① $a\div b\div 6=\frac{ab}{6}$

② $a\div(-5)\times b=-\frac{a}{5b}$

③ $a\times(b\div c)=\frac{ab}{c}$

④ $4\times a\div b=\frac{4b}{a}$

⑤ $a\div(b\div c)=\frac{ab}{c}$

81 다음 중 옳지 <u>않은</u> 것은?

① 소수점 아래 첫째자리 숫자는 x, 소수점 아래 둘째자리의 숫자는 y인 소수는 $0.1x+0.01y$이다.

② a분 b초는 $\left(a+\frac{b}{60}\right)$분이다.

③ 20개에 x원인 사탕 한 개의 가격은 $\frac{x}{20}$원이다.

④ $x\,m$와 $y\,cm$의 길이의 합은 $(x+y)cm$이다.

⑤ 한 판에 a개인 달걀 10판의 전체 달걀 개수는 $10a$개이다.

82 오른쪽 도형의 둘레의 길이와 넓이를 x와 y를 사용한 문자의 식으로 나타내어라.

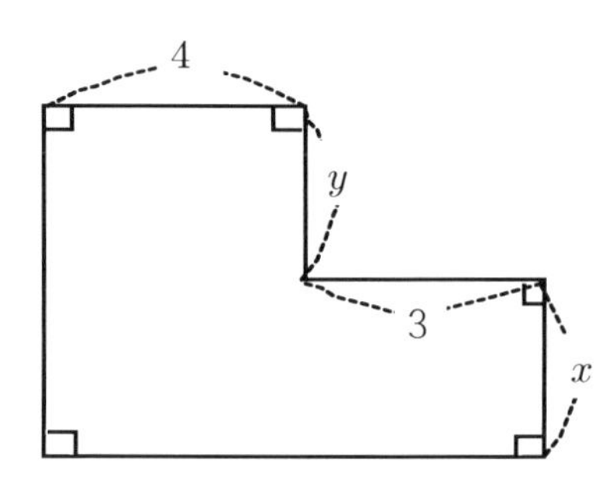

83 밑면의 가로가 $x\,cm$, 세로는 $y\,cm$, 높이는 $z\,cm$인 직육면체의 겉넓이와 부피를 x, y, z를 사용한 문자의 식으로 나타내어라.

84 추동 마을에서 출발하여 $x\,km$ 떨어진 옥룡중학교까지 시속 $10\,km$로 걸어갔다. 중간에 20분 동안 휴식을 취하였다고 할 때, 추동 마을에서 출발하여 옥룡중학교에 도착할 때까지 걸린 시간을 문자를 사용한 식으로 나타내어라.

85 다음을 문자를 사용한 식으로 나타내어라.

(1) 소금물 $200g$의 농도가 $x\%$라고 할 때, 소금물에 들어 있는 소금의 양

(2) 정가가 a원인 바나나를 25% 할인하여 구매하면서 지불한 금액

86 $a=-1$, $b=-2$일 때, 다음 중 식의 값이 가장 작은 것을 고르시오.

① $-a^2+b^2$ ② a^3-ab

③ $-\frac{b^3}{3}-a$ ④ $\frac{-a+b^3}{ab}$

⑤ $a^{99}-\frac{b^5}{8}$

87 $a=-\frac{1}{3}$, $b=-\frac{1}{4}$, $c=\frac{1}{5}$일 때, $\frac{1}{a}-\frac{2}{b}-\frac{3}{c}$의 값을 구하여라.

88 물 $20L$가 들어 있는 물통에 호스를 연결하여 1분에 $0.5L$씩 물을 빼내려고 한다. x분 후에 물통에 남아 있는 물의 양을 x를 사용한 식으로 나타내고, 12분 후에 물통에 남아 있는 물의 양을 구하여라.

89 다음 중 옳은 것은?

① $2x-7$은 단항식이다.

② $\frac{3}{x}+5$는 다항식이다.

③ $+5x^2-x-7$에서 차수는 $+5$이다.

④ $-\frac{x}{3}-10$에서 x의 계수는 $-\frac{1}{3}$이다.

⑤ 다항식 $x^2+2x-15$의 항은 x^2, $2x$, 15이다.

90 다음 중 일차식인 것을 모두 고르시오.

$-\frac{x}{2}-5$,	$2x^2-5x-2$,	$0.1a-1.5$
$0\times x^2+2x-5$,	$\frac{4}{a}+10$,	-8

91 다음을 간단히 하여라.

(1) $(6x-18)\div\left(-\frac{3}{2}\right)$

(2) $\left(-8x+\frac{3}{10}\right)\div\frac{4}{5}$

92 다음 식을 계산한 결과가 $-(2-6x)$와 같은 것은?

① $(1+3x)\times(-2)$ ② $(12x-8)\div4$

③ $\left(x-\frac{1}{3}\right)\div\frac{1}{6}$ ④ $(2x-1)\div\frac{1}{3}$

⑤ $(4-12x)\times\frac{1}{2}$

93 $-5x$와 동류항인 것은?

① $-5x^2$ ② $-5a$ ③ $-\frac{11}{8}x$ ④ $\frac{8}{x}$ ⑤ -5

94 $\frac{3}{4}\left(\frac{8}{5}x-\frac{32}{3}\right)-(3x-6)\div\frac{3}{2}$을 간단히 하였을 때, x의 계수와 상수항의 곱을 구하여라.

95 아래 그림에서 색칠한 부분의 넓이를 문자를 사용한 식으로 나타내어라. (단위 ㎝)

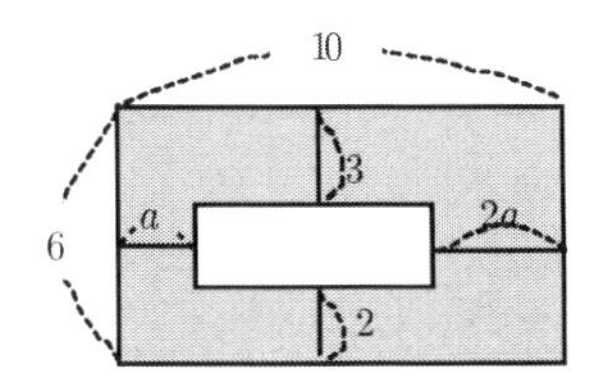

96 다음 식을 간단히 하여라.

$$-2(x-3)-\left\{7-(10x-4)\times\frac{1}{2}\right\}+(18x-5)\times\left(-\frac{1}{6}\right)$$

97 $3\left(\frac{2x-5}{3}-\frac{x-3}{2}\right)+(3x-2)\div\frac{2}{3}$를 간단히 하여라.

98 $A=-5x+2$, $B=7x-6$일 때, $-2(B-A)+3B$를 계산하여라.

99 주어진 식 $2(-5a+3)-\square=-2a-7$에서 □ 안에 들어갈 알맞은 식을 구하여라.

100 어떤 다항식에서 $-10x+\frac{1}{2}$을 더해야 하는데 잘못 보아서 뺄셈을 하였더니 $4x-\frac{1}{2}$이 되었다. 바르게 계산한 답을 구하여라.

유형 PocKet

답만 보기

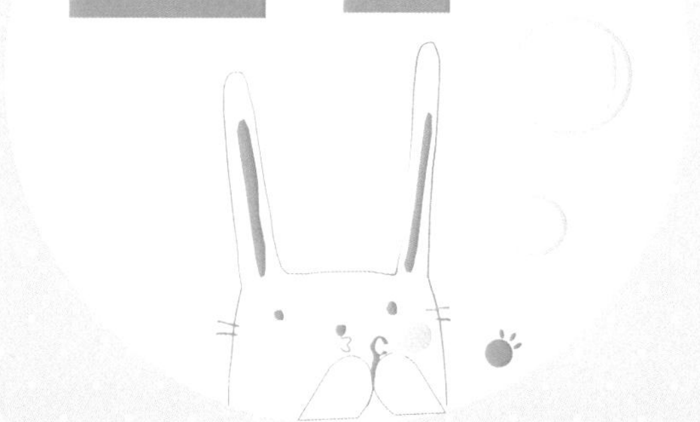

중등 1-1 수학

[답만 보기]

Pocket①

① 소인수분해

1. ④ **2.** 8 **3.** ③ **4.** ①, ④

5. $2^2 \times 3^2 \times 7$ **6.** ④ **7.** 15

8. (1) 2, 3 (2) 2, 3, 7 (3) 2, 3, 5

9. ② **10.** 10 **11.** 15 **12.** ③ **13.** ④

14. ⑤ **15.** (1) 15개 (2) 12개 (3) 18개 (4) 12개

16. ②, ④ **17.** 75 **18.** 36 **19.** ⑤ **20.** 4개

21. ④ **22.** ③ **23.** 1 **24.** $3^3 \times 5^2 \times 7^2$

25. $2^3 \times 3^2 \times 5 \times 7$ **26.** ③ **27.** 6개

28. $x=4$, $y=3$, $z=2$ **29.** $x=2$, $y=2$

30. $x=6$ **31.** 10, 12, 16 **32.** 24 **33.** 39

34. 7 **35.** 30 cm **36.** 24 **37.** 6, 12

38. 오전 10시 30분 **39.** 400개 **40.** 3바퀴

41. 123 **42.** 41명 **43.** 4개 **44.** 72

② 정수와 유리수

45. ②

46. 양의 정수 : +2, 8, +6, 음의 정수 : −20, −10

47. (1) +2.7, 9 (2) $-\frac{3}{2}$, −7, $-\frac{15}{3}$

(3) −7, 0, 9, $-\frac{15}{3}$ (4) $-\frac{3}{2}$, +2.7

48. 3개 **49.** $A: -\frac{5}{2}$, $B: -\frac{2}{3}$, $C: \frac{3}{2}$, $D: \frac{11}{4}$

50. ③ **51.** 정답: +5, −5

52. 0, $-\frac{1}{2}$, +1.5, $-\frac{6}{3}$, 3

53. (1) > (2) > (3) > (4) >

53-1. −0.5 **54.** ③, ⑤ **55.** (가), (나)

56. −1 **57.** $x=-3.5$, $y=3.5$

58. (1) $x \geq 5$ (2) $x > -3$ (3) $10 < x \leq 12$

(4) $0 \leq x < 6$ (5) $-6 \leq x \leq -2$

59. 6 **60.** 6

61. −4, −3, −2, −1, 0, 1, 2, 3, 4

62. −2.7, 0, $\frac{7}{3}$, $-\frac{11}{4}$ **63.** $(-3)+(+6)=+3$

64. ④

65. 정답: a : 덧셈의 교환법칙

b : 덧셈의 결합법칙

66. ③ **67.** −7 **68.** −4.9 **69.** ①, ③

70. $\frac{5}{4}$ **71.** 0 **72.** (1) −7 (2) −12

73. $\frac{20}{3}$ **74.** 12℃ **75.** $A=+2$, $B=+1$, $C=-4$

76. $\frac{11}{4}$ **77.** $\frac{11}{12}$ **78.** $a=4$ **79.** ④

80. $-\frac{11}{6}$ **81.** 곱셈의 교환법칙, 곱셈의 결합법칙

82. $-\frac{35}{6}$ **83.** 가장 큰 수 $\frac{42}{5}$, 가장 작은 수 −10

84. ⑤ **85.** −19 **86.** 0 **87.** −10 **88.** −34

89. ⑤ **90.** $-\frac{40}{21}$

91. ① $-\frac{3}{4}$ ② $+\frac{5}{2}$ ③ $-\frac{15}{28}$ **92.** $-\frac{3}{7}$

93. ③ **94.** ③ **95.** $\frac{27}{10}$ **96.** 2

97. 순서 ㉣→㉤→㉢→㉡→㉠, 계산 답 $-\frac{3}{2}$

98. 1 **99.** $-\frac{14}{3}$ **100.** $\frac{1}{8}$ **101.** $\frac{11}{8}$

102. 5

③ 문자의 사용과 식의 계산

103. $-7x^3y^2$ **104.** ③, ④ **105.** $100x+10y+z$

106. $5000-400a-700b$ **107.** $\frac{1}{2}(a+7)h$

108. $\frac{1}{2}ab+\frac{7}{2}c$ **109.** ②, ③ **110.** $\frac{62x+59y}{50}$

111. -10 **112.** $-\frac{2}{3}$ **113.** 25 ℃

114. 63 kg **115.** ①, ④ **116.** ④ **117.** ②, ③

118. -5 **119.** $6x-4$ **120.** -40 **121.** ③

122. ① -- ㉠, ② -- ㉡, ③ - ㉢

123. ④ **124.** $-\frac{11}{2}$ **125.** $\frac{20x+14}{15}$ **126.** -1

127. $-8x+9$ **128.** $-15x-51$ **129.** $2x-2$

130. $-17x+35$ **131.** $3x-48$

PocKet②

① 소인수분해

1. 11 **2.** 7 **3.** ④, ⑤ **4.** 41 **5.** 5 **6.** 7 **7.** 21

8. 1 **9.** 28 **10.** 10 **11.** 2 **12.** ③

13. 4, 9, 25, 49 **14.** $a=2$ 또는 $a=3$, $b=1$

15. ②, ③ **16.** ㉢, ㉣ **17.** 12개 **18.** 20

19. $a=15$, $b=12$ 또는 $a=18$, $b=15$

20. 5 **21.** 336 **22.** 12 **23.** 810 **24.** 1

25. 9 **26.** 14, 28, 35 **27.** 5 **28.** 9 **29.** 17

30. 24개 **31.** 28개 **32.** 6 **33.** 42명 **34.** 40회

35. (1) 168 cm (2) 12장

36. A톱니바퀴 3바퀴, B톱니바퀴 4바퀴 **37.** 501

38. 118명 **39.** 정답: $\frac{24}{5}$

② 정수와 유리수

40. ②, ④ **41.** ④ **42.** ④ **43.** $x=4$, $y=-2$

44. 12 **45.** ④ **46.** ②, ④ **47.** $-\frac{9}{5}$

48. (1) $-5 \le x \le 3$ (2) $-\frac{2}{3} < x \le 1$ (3) $x \le 10$

49. -5 **50.** $k=13$ **51.** ④

52. ㉠ 교환 ㉡ 결합 ㉢ -9 ㉣ 0

53. $\frac{23}{12}$ **54.** ④ **55.** -26 **56.** 2 **57.** $\frac{8}{3}$

58. 6 **59.** -3 **60.** 2 **61.** 28

62. (1) $-\frac{3}{5}$ (2) 10 (3) $\frac{1}{4}$ (4) 3 **63.** 25

64. ㉠ 교환 ㉡ 결합 ㉢ $\frac{3}{2}$ ㉣ -9 **65.** $-\frac{1}{4}$

66. 17 **67.** -2

68. 35×98
$= 35 \times (100-2)$
$= (35 \times 100) - (35 \times 2)$
$= 3500 - 70$
$= 3430$

69. 정답: $-\frac{9}{2}$

70. $\frac{4}{5}$ **71.** 20 **72.** $\frac{5}{3}$ **73.** ③ **74.** $-\frac{4}{11}$

75. -3 **76.** $-\frac{5}{12}$ **77.** $\frac{4}{15}$ **78.** 13 **79.** 16개

③ 문자의 사용과 식의 계산

80. ③ **81.** ④

82. (1) 둘레의 길이 $2x+2y+14$ (2) 넓이 $7x+4y$

83. 겉넓이 : $2xy+2yz+2xz$ 부피 : xyz

84. $\left(\frac{x}{10}+\frac{1}{3}\right)$시간 **85.** (1) $2x(g)$ (2) $\frac{3}{4}a$(원)

86. ④ **87.** -10 **88.** $(20-0.5x)L$, $14(L)$

89. ④ **90.** $-\frac{x}{2}-5$, $0.1a-1.5$, $0 \times x^2+2x-5$

91. (1) $-4x+12$ (2) $-10x+\frac{3}{8}$ **92.** ③ **93.** ③

94. $\frac{16}{5}$ **95.** $(3a+50)cm^2$ **96.** $-\frac{13}{6}$

97. $5x-\frac{7}{2}$ **98.** $-3x-2$ **99.** $-8a+13$

100. 정답: $-16x+\frac{1}{2}$

유형 PocKet

오답 풀이

Pocket 1

1 다음 중 옳은 것은?

① $3\times3\times3\times5\times5=3^2\times5^3$

② $5+5+5=5^3$

③ $4\times4\times4=4\times3$

④ $\frac{1}{2}\times\frac{1}{2}\times\frac{1}{7}\times\frac{1}{7}\times\frac{1}{7}=\frac{1}{2^2}\times\frac{1}{7^3}$

⑤ $11\times11\times11\times11=4^{11}$

2 $3\times3\times5\times5\times5\times7\times7=3^a\times5^b\times c^2$이 성립할 때, 이를 만족하는 자연수 a, b, c에 대하여 $c-a+b$의 값을 구하여라.

3 다음 중 옳은 것은?

① 소수는 모두 홀수이다.

② 자연수는 소수와 합성수로 이루어져 있다.

③ 15 미만의 소수는 6개이다.

④ 가장 작은 소수는 1이다.

⑤ 합성수는 약수가 2개이다.

4 다음 중 소수가 아닌 것은? (정답 2개)

① 9 ② 13 ③ 17

④ 51 ⑤ 59

5 252를 소인수분해하시오.

6 다음 중 소인수분해한 것으로 옳지 못한 것은?

① $48=2^4\times3$ ② $32=2^5$

③ $100=2^2\times5^2$ ④ $120=2^3\times3^2\times5$

⑤ $240=2^4\times3\times5$

7 360을 소인수분해하면 $2^3\times a^2\times b$이다. 자연수 a, b에 대한 $a\times b$의 값은?

8 다음 주어진 수의 소인수를 모두 구하시오.

(1) 54 (2) 84 (3) 90

9 다음 중 1540의 소인수가 아닌 것은?

① 2 ② 3 ③ 5 ④ 7 ⑤ 11

10 다음 수에 자연수를 곱하여 어떤 자연수의 제곱이 되게 할 때, 곱해야 하는 가장 작은 자연수를 구하여라.

360

11 $3^3\times5\times x$는 어떤 수의 제곱이 된다고 한다. 이때 제곱이 되도록 하는 가장 작은 자연수 x의 값을 구하여라.

12 675를 자연수 x로 나누면 어떤 자연수의 제곱이 된다고 할 때, 자연수 x의 값이 될 수 없는 것을 고르시오.

① 3 ② 27 ③ 25 ④ 75 ⑤ 675

13 다음 중 180의 약수가 아닌 것을 고르시오.

① $2^2\times3^2$ ② $2\times3\times5$ ③ $3^2\times5$

④ $2^3\times3\times5$ ⑤ 20

14 다음은 72의 약수를 구하기 위해 만든 표이다. 이에 대한 설명으로 옳지 않은 것을 골라 주세요.

×	1	2		ⓐ
1				
			ⓒ	
ⓑ		ⓓ		

① ⓐ는 2^3이다.

② ⓑ는 3^2이다.

③ ⓒ는 12이다.

④ 약수의 개수는 (4×3)개이다.

⑤ ⓓ는 72의 소인수이다.

15 다음 수의 약수의 개수 구하기

① $2^2\times3^4$ ② $2\times3\times5^2$
③ 180 ④ $2\times9\times11$

16 다음 중 옳은 것을 모두 고르시오. (정답은 2개)

① 108의 약수의 개수는 6개이다.
② $2^3\times5^2$의 약수의 개수는 12개이다.
③ $28=4\times7$이므로 약수의 개수는 4개이다.
④ 90의 약수 개수는 12개이다.
⑤ 6×5의 약수의 개수는 4개이다.

17 다음 두 수의 최대공약수를 구하시오.

$3^2\times5^2\times7^3$ $2\times3\times5^3$

18 다음 세 수 $2^2\times3^3$, $2^2\times3^2\times5$, $2^3\times3^2\times7$의 최대공약수를 구하여라.

19 다음 두 수 72, $2^2\times3^3\times5$의 공약수가 아닌 것은?

① 2^2 ② 3^2 ③ $2^2\times3$
④ $2^2\times3^2$ ⑤ $2\times3\times5$

20 두 수 150, 504의 공약수의 개수를 구하여라.

21 다음 중 두 수가 서로소인 것은?

① 18, 21 ② 31, 62 ③ 26, 65
④ 23, 75 ⑤ 12, 45

22 다음 중 27과 서로소인 것은?

① 3 ② 9 ③ 25 ④ 45 ⑤ 54

23 두 수 $3^x\times5^3\times7$, $3^4\times5^y\times7$의 최대공약수가 $3^3\times5^2\times7$이라고 할 때, 자연수 x, y에 대하여 $x-y$의 값은?

24 두 수 $3^2\times5\times7^2$, $3^3\times5^2\times7$의 최소공배수를 구하여라.

25 세 자연수 24, $2^2\times3\times7$, $2^2\times3^2\times5$의 최소공배수를 구하시오.

26 다음 중 두 수 $2^3\times3^2\times5\times7$, $2^2\times3\times7^3$의 공배수인 것은?

① $2^2\times3\times5\times7$ ② $2^3\times3\times7$
③ $2^3\times3^3\times5\times7^3$ ④ $2^2\times3^2\times5^2\times7$
⑤ $2\times3\times7^3$

27 다음 두 수 24, 9의 공배수 중 500 이하인 자연수의 개수를 구하여라.

28 두 수 $2^2\times3^2\times7^x$, $2\times3^y\times7^2$의 최소공배수가 $2^z\times3^3\times7^4$일 때, 자연수 x, y, z의 값을 각각 구하여라.

29 두 수 $3^x\times5$, $3^3\times5^y\times11$의 최대공약수는 $3^2\times5$이고 최소공배수는 $3^3\times5^2\times11$일 때, 자연수 x, y의 값을 각각 구하여라.

30 세 자연수 $2\times x$, $3\times x$, $4\times x$의 최소공배수가 72이다. 이때 자연수 x의 값을 구하여라.

31 세 자연수 $5\times x$, $6\times x$, $8\times x$의 최소공배수가 240일 때, 세 자연수를 모두 구하시오.

32 두 자연수 x, 32의 최대공약수가 8, 최소공배수가 96일 때, x의 값을 구하시오.

33 두 자연수 A, B의 최소공배수가 78이고 A, B의 곱이 3042일 때, 두 수 A, B의 최대공약수를 구하여라.

34 1학년 여학생 24명과 남학생 18명이 수련회를 가기 위해 조를 짜기로 하였다. 한 조에 여학생 x명과 남학생 y명을 배치하여 되도록 많은 조로 나누려 할 때, $x+y$의 값을 구하여라.

35 가로의 길이가 120 cm, 세로의 길이가 150 cm인 직사각형 모양의 종이가 있다. 여기에 정사각형 모양의 색종이를 빈틈없이 겹치지 않게 붙이려고 한다. 가능한 한 큰 색종이를 붙이려고 할 때, 색종이의 한 변의 길이를 구하여라.

36 어떤 자연수로 75를 나누면 3이 남고, 50을 나누면 2가 남는다고 한다. 이와 같은 자연수 중에서 가장 큰 수는?

37 27을 어떤 자연수로 나누면 3이 남고, 또 이 자연수로 40을 나누면 4가 남고, 53을 나누면 5가 남는다고 한다. 어떤 자연수를 모두 구하여라.

38 어느 시외버스 터미널에서 부산행, 광주행 버스가 각각 15분, 18분 간격으로 출발한다. 오전 9시에 두 도시로 가는 버스가 동시에 출발하였을 때, 그 후에 처음으로 두 버스가 동시에 출발하는 시각을 구하여라.

39 가로의 길이가 12 cm, 세로의 길이는 15 cm, 높이는 24 cm인 직육면체 모양의 나무토막이 있다. 이 나무토막을 일정한 방향으로 빈틈없이 쌓아서 가능한 한 작은 정육면체를 만들 때, 필요한 나무토막의 개수는?

40 서로 맞물려서 돌아가는 두 톱니바퀴 A, B가 있다. A의 톱니 수가 72개, B의 톱니 수는 48개일 때, A, B 두 톱니바퀴가 같은 톱니에서 처음으로 다시 맞물릴 때까지 B 톱니바퀴는 몇 바퀴 회전하였는지 구하여라.

41 4, 5, 6으로 어떤 세 자리의 자연수를 나누면 모두 3이 남는다고 할 때, 이 세 자리 자연수 중 가장 작은 자연수를 구하여라.

42 1학년 학생들이 야영 활동에 참가하였다. 이때 참가자를 한 텐트에 6명, 9명, 12명씩 어느 인원으로 배정해도 항상 5명이 남았다. 참가한 1학년 학생 수가 30명 보다 많고 50명보다 적다고 할 때, 참가한 학생 수를 구하여라.

43 두 분수 $\frac{16}{A}$, $\frac{24}{A}$를 자연수로 만드는 자연수 A의 값은 모두 몇 개인가?

44 두 수 $\frac{1}{18}\times n$, $\frac{1}{24}\times n$이 자연수가 되게 하는 가장 작은 자연수 n의 값을 구하여라.

45 다음 중 '+, −' 부호를 사용하여 나타낸 것으로 옳지 <u>않은</u> 것은?

① 지상 50m : $+50m$
② 해발 1000m : $-1000m$
③ 10% 인하 : -10%
④ 60m 상승 : $+60m$
⑤ 3kg 증가 : $+3kg$

46 다음 중에서 양의 정수, 음의 정수를 각각 고르시오.

$+2,\quad 8,\quad -20,\quad +6,\quad -10$

47 다음 주어진 수에 대한 물음에 답하여라.

$-\frac{3}{2}$, $+2.7$, -7, 0, 9, $-\frac{15}{3}$

(1) 양의 유리수 고르기

(2) 음의 유리수 고르기

(3) 정수 고르기

(4) 정수가 아닌 유리수 고르기

48 다음 중에서 정수가 아닌 유리수의 개수를 구하여라.

-5.2, $+\frac{10}{2}$, $+\frac{23}{7}$, 1.8, $-\frac{6}{3}$, 2, $\frac{0}{27}$

49 다음 수직선 위의 점 A, B, C, D에 대응하는 수를 구하시오.

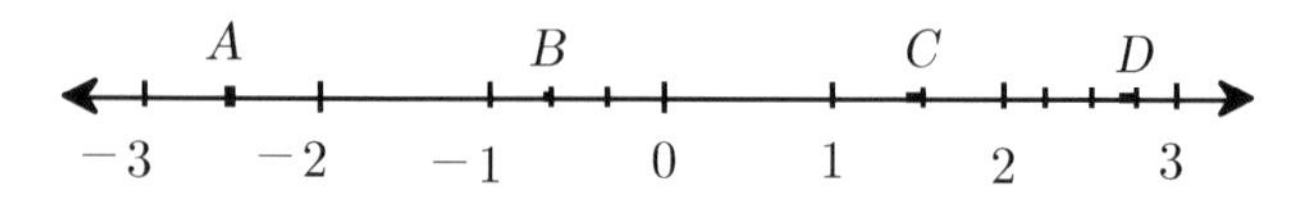

50 다음 수를 수직선 위에 대응시킬 때, 왼쪽에서 두 번째에 있는 수를 고르면?

① $-\frac{1}{3}$ ② -3 ③ $-\frac{3}{2}$ ④ 0 ⑤ $+0.7$

51 절댓값이 5인 모든 수를 구하시오.

52 다음 수를 절댓값이 작은 수부터 차례로 나열해 보시오.

$-\frac{1}{2}$, 3, $-\frac{6}{3}$, 0, $+1.5$

53 다음 □ 안에 알맞은 부등호를 넣으시오.

(1) 3 □ -7 (2) $-\frac{1}{2}$ □ -7

(3) $-\frac{2}{3}$ □ $-\frac{3}{4}$ (4) $\left|-\frac{4}{3}\right|$ □ 1

53-1 다음 수를 큰 수부터 나열할 때, 네 번째에 오는 수는 어떤 수일까요?

2.7, $-\frac{5}{4}$, 0, $\lvert -3.9 \rvert$, $-\frac{2}{3}$, -0.5

54 다음 중 옳은 것을 모두 고르시오.

① 절댓값이 작을수록 그 수가 나타내는 점은 원점으로부터 멀리 떨어져 있다.
② 절댓값이 0보다 작은 수가 있다.
③ $|x|=3$을 만족시키는 정수 x는 2개이다.
④ -1과 1의 절댓값이 가장 작다.
⑤ 양수는 클수록, 음수는 작을수록 절댓값이 크다.

55 다음 중 옳지 <u>않은</u> 것을 모두 고르면?

(가) 두 수의 절댓값이 같으면 그 두 수의 크기도 같다.
(나) $a \le |3|$를 만족하는 정수 a는 모두 6개다.
(다) 음수의 절댓값은 0보다 크다.

56 수직선에서 -7과 5를 나타내는 두 점에서 같은 거리에 있는 점에 대응하는 수를 구하여라.

57 두 수 x, y는 부호는 반대이고 절댓값은 같다. x가 y보다 7만큼 작다고 할 때, x, y의 값을 각각 구하여라.

58 다음을 부등호를 사용하여 나타내어라.

(1) x는 5보다 크거나 같다.

⇨ ____________________

(2) x는 -3 초과이다.

⇨ ____________________

(3) x는 10보다 크고 12 이하이다.

⇨ ____________________

(4) x는 0 이상 6 미만이다.

⇨ ____________________

(5) x는 -6보다 작지 않고 -2보다 크지 않다.

⇨ ____________________

59 두 수 $-\frac{11}{3}$과 $\frac{5}{2}$ 사이에 있는 정수의 개수를 구하시오.

60 $-2 < x \le \frac{5}{3}$를 만족시키는 정수 x의 개수를 a개라 하고, $-\frac{19}{5} \le y \le -\frac{2}{3}$를 만족시키는 정수 y의 개수를 b개라 할 때, $a+b$의 값을 구하여라.

61 절댓값이 $\frac{14}{3}$보다 작거나 같은 정수를 모두 구하시오.

62 다음 중 $|x| \le \frac{7}{2}$를 만족하는 유리수 x를 모두 고르시오 .

-2.7, 0, $\frac{7}{3}$, -3.8, $-\frac{11}{4}$, $\frac{21}{5}$

63 다음 수직선이 나타내는 덧셈식을 구하시오.

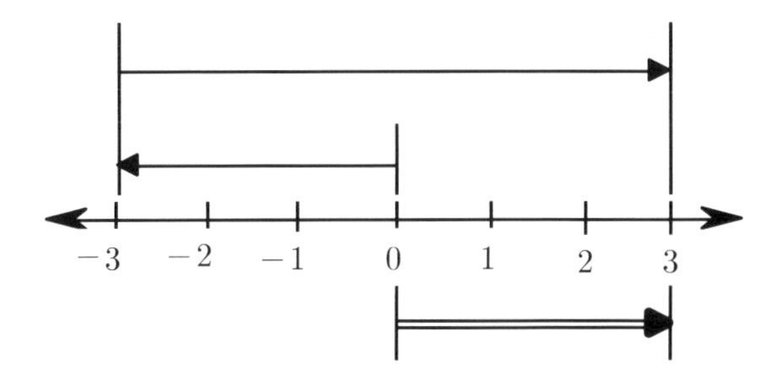

64 다음 중 바르게 계산된 것을 고르면?

① $(+5)+(-2) = -3$

② $(-7)+(-5) = -2$

③ $\left(-\frac{2}{3}\right)+\left(+\frac{5}{3}\right) = -\frac{7}{3}$

④ $\left(-\frac{5}{4}\right)+\left(-\frac{2}{3}\right) = -\frac{23}{12}$

⑤ $\left(-\frac{1}{2}\right)+\left(+\frac{2}{3}\right) = -\frac{1}{6}$

65 다음 계산 과정에서 a, b에 이용된 덧셈의 계산 법칙을 말하시오.

$\left(+\frac{1}{4}\right)+\left(-\frac{1}{3}\right)+\left(+\frac{3}{4}\right)$

$= \left(+\frac{1}{4}\right)+\left(+\frac{3}{4}\right)+\left(-\frac{1}{3}\right)$ (a)

$= \left\{\left(+\frac{1}{4}\right)+\left(+\frac{3}{4}\right)\right\}+\left(-\frac{1}{3}\right)$ (b)

$= (+1)+\left(-\frac{1}{3}\right) = \frac{2}{3}$

66 다음 계산 결과가 옳은 것을 고르시오.

① $0-(-3) = -3$

② $(+7.2)-(-3.5) = +3.7$

③ $\left(-\frac{3}{5}\right)-\left(-\frac{3}{10}\right) = -\frac{3}{10}$

④ $\left(-\frac{2}{3}\right)+\left(+\frac{1}{2}\right) = \frac{1}{6}$

⑤ $(-6)-(-7) = -13$

67 유리수 $-\frac{13}{4}$에 가장 가까운 정수를 a, $\frac{19}{5}$에 가장 가까운 정수를 b라 할 때, $a-b$의 값을 구하여라.

68 다음을 계산하시오.

$$(-5.2)+(-2.7)-(-3)$$

69 다음 중 계산 결과가 2보다 큰 것을 모두 고르시오.

① $(+4)-(-2)+(-2)$

② $\frac{1}{4}-1+\frac{3}{2}-\frac{2}{3}$

③ $\left(-\frac{1}{3}\right)-\left(-\frac{11}{2}\right)+(-2)$

④ $-8+2-9+|-5|$

70 -5보다 -4만큼 작은 수를 a, $\frac{3}{4}$보다 -3만큼 큰 수를 b라 할 때, $|b-a|$의 값을 구하시오.

71 다음 ㉠~㉣의 계산한 값을 모두 더해주기 바람요.

㉠ -4보다 6만큼 큰 수

㉡ -3보다 -2만큼 작은 수

㉢ 8보다 4만큼 작은 수

㉣ $-\frac{3}{2}$보다 -3.5만큼 큰 수

72 어떤 수에 -5를 더해야 할 것을 잘못 보아 뺐더니 -2가 되었다. 다음 물음에 답하여라.

(1) 어떤 수를 구하여라.

(2) 바르게 계산한 답 구하기

73 3에서 어떤 수를 빼야하는데 잘못 보아서 더하였더니 $-\frac{2}{3}$가 되었다. 바르게 계산한 답을 구하시오.

74 다음은 A, B, C, D 네 도시의 겨울 평균기온에 대한 설명이다.

A	B	C	D
		-11℃	

B 도시는 C 도시보다 5℃ 높고, D 도시는 B 도시보다 10℃ 낮고, A 도시는 C 도시보다 7℃가 높다.

이때 A 도시와 D 도시의 기온차를 구하여라.

75 가로, 세로, 대각선의 세 수의 모든 합이 같을 때, A, B, C의 값을 구하여라.

-2		A
3	-1	
C	B	0

76 오른쪽 그림은 정육면체의 전개도이다. 이 전개도로 만들어진 정육면체에서 서로 마주 보는 면에 적힌 두 수의 합이 -1이라고 할 때, $a-b+c$를 구하여라.

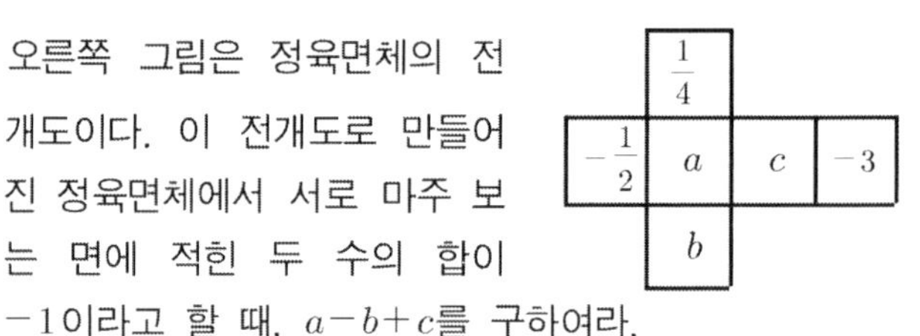

77 두 수 a, b에 대하여 $|a|=\frac{2}{3}$, $|b|=\frac{1}{4}$일 때, $a-b$의 값 중 가장 큰 것을 구하여라.

78 두 수 x, y에 대하여 $|x|=5$, $|y|=a\,(a>0)$이다. $x-y$의 값 중 가장 작은 수가 -9일 때, a의 값을 구하여라.

79 다음 중 유리수의 곱셈의 계산 값이 옳지 <u>않은</u> 것은?

① $\left(-\frac{2}{3}\right)\times\frac{3}{5}=-\frac{2}{5}$

② $\frac{27}{4}\times\left(-\frac{2}{9}\right)=-\frac{3}{2}$

③ $(-5)\times\left(-\frac{5}{6}\right)=\frac{25}{6}$

④ $\left(-\frac{5}{8}\right)\times\frac{24}{25}=\frac{3}{5}$

⑤ $(-1)\times\frac{7}{2}\times\left(-\frac{8}{21}\right)=\frac{4}{3}$

80 $\left(-\frac{13}{8}\right)+\frac{5}{2}=a$, $\left(-\frac{5}{3}\right)+\left(-\frac{3}{7}\right)=b$라 할 때, $a\times b$의 값을 구하여라.

81 다음 계산 과정에서 사용된 계산 법칙을 차례대로 써 봅시다.

$$\left(-\frac{8}{5}\right)\times(-3)\times\left(-\frac{15}{16}\right)$$

( )

$$=\left(-\frac{8}{5}\right)\times\left(-\frac{15}{16}\right)\times(-3)$$

( )

$$=\left\{\left(-\frac{8}{5}\right)\times\left(-\frac{15}{16}\right)\right\}\times(-3)$$

$$=\frac{3}{2}\times(-3)=-\frac{9}{2}$$

82 $10\times\left(-\frac{3}{8}\right)\times(-2)\times\left(-\frac{7}{9}\right)$을 계산하기.

83 네 수 -3, $-\frac{5}{6}$, $\frac{7}{10}$, -4 중에서 서로 다른 세 수를 뽑아 곱한 값 중 가장 큰 수와 가장 작은 수를 각각 구하여 볼까요?

84 다음 중 계산 결과가 옳지 않은 것은 몇 번일까요?

① $(-2)^5=-32$　② $-3^2=-9$

③ $-(-2)^3=8$　④ $\{-(-3)\}^3=27$

⑤ $-4^2=-8$

85 다음 계산한 값 중 가장 큰 수와 가장 작은 수의 합을 구하시오.

㉠ $-\left(\frac{1}{2}\right)^3$　㉡ $\left(-\frac{1}{3}\right)^2$

㉢ $(-3)^3$　㉣ $\{-(-2)\}^3$

㉤ $(-1)^{100}$

86 $(-1)+(-1)^2+(-1)^3+\cdots+(-1)^{99}+(-1)^{100}$을 계산해 봅시다.

87 세 수 a, b, c에 대하여 $a\times b=-3$, $b\times c=7$일 때, $b\times(a-c)$의 값을 구하시오.

88 다음 주어진 식을 분배법칙을 이용하여 계산하시오.

$$(-3.25)\times17+(1.25)\times17$$

89 다음 중 서로 역수 관계인 것은?

① -1, 1　② 0.3, 3　③ $-\frac{1}{4}$, 4

④ $-\frac{3}{8}$, $\frac{8}{3}$　⑤ -0.5, -2

90 -1.2의 역수는 A, $\frac{7}{16}$의 역수는 B일 때, $A\times B$의 값을 구해보자.

91 다음을 계산하여라.

① $\left(-\frac{7}{3}\right)\div\frac{28}{9}$

② $(-12)\div\left(-\frac{24}{5}\right)$

③ $\frac{15}{8}\div(-3.5)$

92 $a\times\left(-\frac{7}{5}\right)=1,\ b=\left(-\frac{7}{2}\right)\div\left(-\frac{21}{10}\right)$일 때, $a\div b$의 값을 구하여라.

93 $a<0,\ b>0$일 때, 다음 중 항상 양수인 것은?

① $a+b$ ② $a-b$ ③ $b-a$
④ $a\times b$ ⑤ $a\div b$

94 세 수 a, b, c에 대하여 $a\times b>0,\ b>c,\ \frac{c}{a}<0$일 때, 다음 중 옳은 것은?

① $a>0, b>0, c>0$ ② $a>0, b<0, c>0$
③ $a>0, b>0, c<0$ ④ $a<0, b>0, c>0$
⑤ $a<0, b<0, c<0$

95 $(-3)^3\times\frac{15}{24}\div\left(-\frac{25}{4}\right)$를 계산해 볼까요?

96 다음 주어진 식을 각각 ①, ②, ③이라고 할 때, (①+②)×③의 값을 구하여 보시오.

① = $\frac{1}{8}\div\left(-\frac{1}{24}\right)\div(-3)^3$

② = $(-20)\div 0.5\times\frac{1}{45}$

③ = $\left(-\frac{3}{2}\right)^2\times(-6)\div\frac{21}{4}$

97 다음 식을 계산할 때의 순서를 쓰고, 그 답을 구하시오.

$$-3\underset{\underset{㉠}{\downarrow}}{+}2\underset{\underset{㉡}{\downarrow}}{\div}\left\{(-4)\underset{\underset{㉢}{\downarrow}}{+}\underset{\underset{㉣}{\downarrow}}{(-1)^4}\underset{\underset{㉤}{\downarrow}}{\times}\frac{16}{3}\right\}$$

98 $a=\left(-\frac{10}{7}\right)-\left[\left\{\left(-\frac{15}{4}\right)\times\left(\frac{5}{3}-\frac{7}{4}\right)-\frac{3}{8}\right\}\div\frac{7}{32}\right]$이다. a에 가장 가까운 정수를 x라 할 때, x^4의 값을 구하여라.

99 다음 □ 안에 알맞은 수를 구하여라.

$$\left(-\frac{7}{2}\right)\div\square=\frac{3}{4}$$

100 $(-6)\times A=-\frac{1}{3},\ B\div 3=\frac{3}{4}$일 때, $A\times B$의 값을 구하여라.

101 두 수 a, b에 대하여 $a\text{◍}b=(a+b)\times(-3)$일 때, $\left(-\frac{7}{8}\right)\text{◍}\frac{5}{12}$를 계산하여라.

102 수직선의 원점을 출발점으로 하여 동전의 앞면이 나오면 오른쪽으로 3만큼, 뒷면이 나오면 왼쪽으로 2만큼 이동한다고 한다. 옥룡이와 추동이가 각각 5번씩 동전 던지기를 하여 옥룡이는 앞면이 3번, 추동이는 뒷면이 3번 나왔다고 할 때, 수직선 위 옥룡이와 추동이가 위치한 두 점 사이의 거리를 구하여라.

103 $x\times y\times(-7)\times y\times x\times x$를 곱셈 기호를 생략하여 나타내 보시오.

104 다음 중 옳지 <u>않은</u> 것을 모두 고르시오.

① $(-5)\times x\times y=-5xy$
② $a\times b\times(-1)\times b=-ab^2$
③ $a\times b\times 0.1=0.ab$
④ $6a+b\div c=\frac{6a+b}{c}$
⑤ $3b\div c+2b\times\left(-\frac{1}{3}\right)=\frac{3b}{c}-\frac{2b}{3}$

105 백의 자리의 숫자가 x, 십의 자리의 숫자는 y, 일의 자리의 숫자는 z인 세 자리의 자연수가 있다. 이 자연수를 문자를 사용한 식으로 나타내어라.

106 400원짜리 과자 a개와 700원짜리 라면 b개를 사고 5000원을 냈을 때, 문자를 사용하여 거스름돈을 나타내어라.

107 윗변의 길이가 $a\,cm$, 아랫변의 길이가 $7\,cm$, 높이가 $h\,cm$인 사다리꼴의 넓이를 a와 h를 사용한 식으로 나타내어라.

108 아래 그림과 같은 도형의 넓이를 문자를 사용하여 나타내시오.

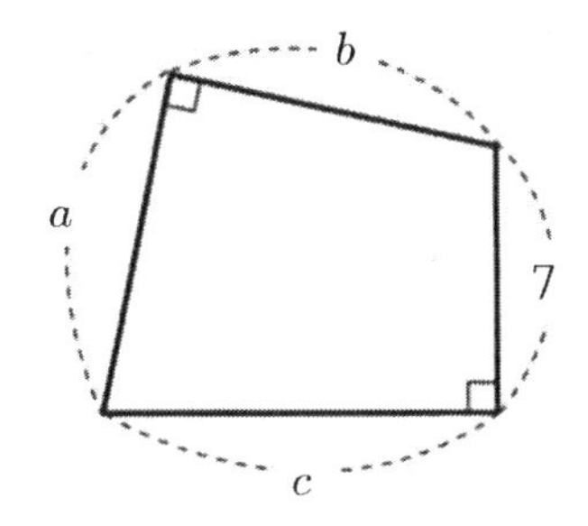

109 다음 중 옳은 것을 모두 고르시오.

① $20kg$의 $a\%$ ⇨ $20a\,(kg)$

② 정가가 1000원인 과자를 $a\%$ 할인하여 판매한 가격 ⇨ $(1000-10a)$원

③ 시속 $5km$로 x시간 동안 걸어간 거리 ⇨ $5x\,(km)$

④ 농도가 10%인 소금물 $y\,g$에 녹아 있는 소금의 양 ⇨ $10y(g)$

⑤ 시속 $a\,km$의 속력으로 $10\,km$ 거리를 걸을 때 걸리는 시간 ⇨ $10a$(시간)

110 아래 표는 옥룡중학교 1학년 4반 남학생 x명과 여학생 y명의 수학 평균 점수를 나타낸 것이다. 1학년 4반 전체 학생 수가 50명일 때, 반 전체의 수학 평균 점수를 x, y를 사용하여 나타내어라.

	인원수	평균
남학생	x명	62점
여학생	y명	59점

111 $x=-2$, $y=-3$일 때, $-x^3-2y^2$의 값을 구하여라.

112 $a=-2$일 때, $-\frac{5a^2}{6}-\frac{a^3}{3}$의 값을 구하여라.

113 미국에서 사용하는 온도 측정단위는 화씨(℉)이고 우리나라는 섭씨(℃)를 사용한다. 화씨 x℉는 섭씨 $\frac{5}{9}(x-32)$℃로 나타낸다. 그렇다면 화씨 77℉는 섭씨 몇 ℃인가?

114 사람의 표준 몸무게는 키가 $h\,cm$일 때, $0.9(h-100)\,kg$이다. 키가 $170\,cm$인 사람의 표준 몸무게를 구하여라.

115 다음 중 단항식을 모두 고르시오.

① -27 ② $-5a+3b$ ③ $3x^2-2x$

④ $\frac{1}{4}a$ ⑤ $xy-x$

116 다음 중 다항식 $-7x^2-2x+5$에 대한 설명으로 옳지 <u>않은</u> 것은?

① 다항식의 차수는 2이다.

② x의 계수는 -2이다.

③ 상수항은 5이다.

④ 항은 $-7x^2$, $2x$, 5이다.

⑤ x^2의 계수는 -7이다.

117 다음 중 일차식인 것을 모두 고르시오.

① $-2x^2+5$ ② $0.5x-2$

③ $0\times2x^2-10x+28$ ④ $-\frac{5}{x}+2$

⑤ $-9y^3$

118 다항식 $2x+5x^2-3x-2+\square x^2$이 일차식이 되도록 □ 안에 알맞은 수를 넣으시오.

119 $(-27x+18)\div\left(-\frac{9}{2}\right)$를 계산하여라.

120 $(-7+3x)\times(-4)$를 간단히 하면 $ax+b$가 된다. 이때 $a-b$의 값을 구하여라.

121 다음 중 동류항끼리 짝지어진 것을 고르면?

① $4x,\ 2x^2$　② $xy^2,\ -x^2y$
③ $-2y^2,\ -\frac{y^2}{5}$　④ $\frac{1}{2}a,\ 0.2a^2$
⑤ $3b,\ \frac{3}{b}$

122 동류항끼리 짝지어 줍시다.

① $-27x^2$　㉠ $x\times(-2)\times x$
② $-\frac{xy}{28}$　㉡ $(-5)\times x\times 2\times y$
③ $3a^2$　㉢ $a\times a\div 3$

123 다음 중 옳은 것은?

① $(2x-1)+(3x+5)=5x-5$
② $2(x-2)-(x+7)=x+3$
③ $-(5a-b)+(2a+b)=-7a+2b$
④ $2(2b-3)-3(b-2)=b$
⑤ $(x+2)-(2x+3)=-x+1$

124 $3(2x-1)-\frac{1}{2}(x-4)=ax+b$이다. $a\div b$의 값을 구하여라.

125 $\frac{10x+3}{5}-\frac{2x-1}{3}$을 계산하여라.

126 다음 식을 간단히 하였을 때, 상수항은?

$$10x+5-[5x-2\{-3(2x+1)-x\}]$$

127 $A=-3x+2,\ B=2x-5$일 때, $2A-B$를 간단히 하시오.

128 $A=-3x+27,\ B=-\frac{2}{3}x-\frac{7}{4}$일 때, $-\frac{1}{3}A+24B$를 간단히 하여라.

129 어떤 다항식에서 $5x-9$를 빼었더니 $-3x+7$이 되었다. 어떤 다항식을 구하여라.

130 어떤 다항식에서 $-7x+12$를 더해야 하는데 잘못 보아서 뺄셈을 하였더니 $-3x+11$이 되었다. 바르게 계산한 식을 구하여 보시오.

131 $x-19$에서 어떤 다항식을 빼야하는데 잘못해서 더하였더니 $-x+10$이 되었다. 바르게 계산한 식을 구하여 보면?

PocKet 2

1 $\frac{1}{3^a}=\frac{1}{81}$, $7^b=343$을 만족하는 자연수 a, b에 대한 $a-b+10$의 값을 구하시오.

2 23^{107}의 일의 자리의 숫자는?

3 다음 중 옳은 것을 모두 고르시오. (정답 2개)

① 3의 배수는 모두 합성수이다.
② 13 이하의 소수는 모두 홀수이다.
③ 짝수는 모두 합성수이다.
④ 약수가 3개 이상인 자연수는 합성수이다.
⑤ 39의 약수 중 소수는 2개이다.

4 30과 50 사이의 모든 소수를 작은 수부터 차례로 나열했을 때, 세 번째 수를 구하여라.

5 315를 소인수분해하면 $3^p\times5\times q$이다. 자연수 p, q에 대하여 $q-p$의 값을 구하여라.

6 675를 소인수분해하면 $a^x\times b^y$일 때, 자연수 a, b, x, y에 대하여 $a+b-x+y$의 값을 구하여라.
(단, $a<b$이다.)

7 585의 모든 소인수의 합을 구하여라.

8 72의 모든 소인수의 합을 100의 소인수 중에서 가장 큰 수로 나눈 몫을 구하여라.

9 $175\times x=y^2$을 성립하게 하는 가장 작은 자연수 x와 y에 대하여 $y-x$의 값을 구하여라.

10 18에 자연수를 곱하면 어떤 자연수의 제곱이 된다. 곱해서 제곱이 되게 하는 가장 작은 자연수를 x, 두 번째로 작은 자연수를 y라 할 때, $x+y$의 값을 구하여라.

11 $2^x\times11$의 약수의 개수와 147의 약수의 개수가 같을 때, 자연수 x의 값은?

12 $54\times\square$의 약수의 개수가 24개일 때, 다음 중 □ 안의 값이 될 수 <u>없는</u> 것을 고르시오.

① 25 ② 16 ③ 9 ④ 49 ⑤ 36

13 1에서 60까지 자연수 중에서 약수의 개수가 3개인 수를 모두 구하시오.

14 세 수 $2^a\times3^b\times5$, 72, 180의 최대공약수가 $2^2\times3$, 최소공배수가 $2^3\times3^2\times5$일 때, 자연수 a와 b를 모두 구하여라.

15 세 수 A, $3^2\times5\times11^3$, $3^2\times5^2\times7\times11^4$의 최대공약수는 $3^2\times5\times11^2$이다. 다음 중 A가 될 수 있는 수를 2개 고르시오.

① $3^2\times5\times7$ ② $3^2\times5^2\times7\times11^2$
③ $3^4\times5^2\times7^2\times11^2$ ④ $3^3\times5\times11^3$
⑤ $3\times5^3\times11^3$

16 다음 세 수 A, B, 1000의 최대공약수가 200이라고 할 때, 다음 중 세 수 A, B, 1000의 공약수가 <u>아닌</u> 것을 모두 고르시오.

㉠ 2^3 ㉡ 4×5^2 ㉢ $2^4\times5$
㉣ $2^3\times5^3$ ㉤ 2×5

17 두 수 $2^3\times3^2\times5$, $2^2\times3^3\times5\times7$의 최대공약수를 A라 하고 두 수 $2^3\times3\times5\times11$, $2\times3\times5^2$의 최소공배수를 B라고 할 때, A와 B의 공약수의 개수를 구하시오.

18 50보다 작은 자연수 중에서 10과 서로소인 자연수의 개수를 구하여라.

19 10보다 크고 20보다 작은 자연수 중에서 아래 내용을 만족하는 두 자연수 a와 b를 모두 구하시오.

> ㉠ a와 b는 서로소가 아니다.
> ㉡ $a-b=3$이다.

20 세 자연수 $3^3\times5^4\times7^3$, $3^a\times5^5\times7$, $3^4\times5^b\times7^2$의 최대공약수는 $3^2\times5^3\times7^c$이다. 세 자연수 a, b, c에 대하여 $a\times b-c$의 값을 구하시오.

21 세 자연수 56, 48, $2^3\times3\times7$의 최소공배수를 구하시오.

22 두 수 28과 72의 최소공배수의 소인수 합을 구하여라.

23 세 수 6, 15, 18의 공배수 중에서 800에 가장 가까운 자연수를 구하여라.

24 두 자연수 $2^a\times3\times5^3$, $2^3\times3^b\times5$의 최대공약수는 60이고 최소공배수는 $2^3\times3^2\times5^c$이다. 자연수 a, b, c에 대한 $a+b-c$의 값을 구하여라.

25 두 수 36과 48의 공배수는 자연수 $16\times\square$의 배수가 된다고 할 때, □ 안에 들어갈 가장 작은 자연수를 구하여라.

26 세 자연수의 비가 $2:4:5$이고 최소공배수는 140이다. 이를 만족하는 세 자연수를 구하여라.

27 세 자연수의 비가 $3:5:30$이고 최소공배수는 150이라고 할 때, 세 자연수의 최대공약수를 구하여라.

28 최대공약수가 9이고 최소공배수는 54인 두 자연수를 P, Q라 할 때, $P-Q$를 구하시오.
(단, $P>Q$이다.)

29 백운마트에서 바나나 72개, 배 48개, 사과 60개를 가능한 한 많은 바구니에 똑같이 나누어 담아서 포장 판매하려고 한다. 이때 만들어진 바구니의 개수는 a개이고 한 바구니에 들어가는 과일의 개수는 바나나 b개, 배 c개, 사과 d개라 할 때, $a+b+c-d$의 값을 구하시오.

30 밑면의 가로의 길이가 $60cm$, 세로의 길이는 $90cm$, 높이는 $120cm$인 직육면체 모양의 나무토막을 정육면체 모양으로 남는 부분 없이 똑같은 크기로 자르려고 한다. 이때 만들어지는 크기가 최대인 정육면체의 개수를 구하여라.

31 가로가 $54m$, 세로는 $30m$인 직육면체 모양의 논에 모내기를 끝내고 논 둑(둘레)에 일정한 간격으로 콩을 심으려고 한다. 가능한 한 심는 콩의 개수를 적게 하려고 할 때, 심는 콩의 개수를 구하여라.
(단, 콩은 한 곳에 1개씩 심고, 네 모퉁이에도 반드시 콩을 심는다.)

32 어떤 수로 32를 나누면 2가 남고, 57을 나누면 3이 남고, 104를 나누면 4가 부족하다고 할 때, 어떤 수를 구하여라.

33 공책 87권, 연필 120자루를 가능한 한 많은 학생들에게 똑같이 나누어 주려고 하는데 공책은 3권이 남고, 연필은 6자루가 부족하다. 이때 학생 수를 구하여라.

34 3초 동안 켜져 있다 2초 동안 꺼지는 빨간색 점멸등, 6초 동안 켜져 있다 3초 동안 꺼지는 노란색 점멸등, 10초 동안 켜져 있다 5초 동안 꺼지는 파란색 점멸등이 있다. 오전 10시에 세 개의 점멸등이 동시에 켜졌다면 그 이후부터 오전 10시 30분까지 세 개의 점멸등이 동시에 켜지는 횟수를 구하시오.

35 가로 $56cm$, 세로 $42cm$인 직사각형 모양의 종이를 겹치지 않게 빈틈없이 붙여 가장 작은 정사각형을 만들려고 한다. 다음 물음에 답하여라.

(1) 정사각형 한 변의 길이를 구하시오.

(2) 사용된 직사각형 모양의 종이는 모두 몇 장인지 구하여라.

36 서로 맞물려서 돌아가는 두 톱니바퀴 A와 B가 있다. A의 톱니 수는 80개, B의 톱니 수는 60개일 때, A, B 톱니바퀴가 같은 톱니에서 처음으로 다시 맞물릴 때까지 A와 B 톱니바퀴는 각각 몇 바퀴 회전하였는지 구하시오.

37 어떤 세 자리 자연수를 6으로 나누면 3이 남고, 8로 나누면 5가 남고, 9로 나누면 6이 남는다고 할 때, 세 자리 자연수 중 500에 가장 가까운 자연수를 구하여라.

38 1학년 학생들이 4박 5일의 일정으로 역사 여행에 참가하였다. 이때 참가자들을 한 방에 똑같이 배정하려고 할 때, 3명씩 배정하면 1명이 남고, 4명씩 배정하면 2명이 남고, 5명씩 배정하면 3명이 남는다고 한다. 참가한 1학년 학생 수가 110명보다 많고 150명보다 적다고 할 때, 참가한 1학년 전체 학생 수를 구하여라.

39 두 분수 $\frac{35}{6}$, $\frac{25}{8}$ 중 어느 것에 곱하여도 자연수가 되게 하는 수 중에서 가장 작은 기약분수를 구하여라.

40 다음 중 자연수가 아닌 정수를 2개 고르시오.

① $+2$ ② 0 ③ 10 ④ -3 ⑤ $-\frac{3}{10}$

41 다음 수에 대한 설명으로 옳은 것은?

$-\frac{12}{4}$, $+5$, -2.7, 0, -11, $2\frac{2}{3}$

① 자연수는 2개이다.
② 정수는 3개이다.
③ 정수가 아닌 유리수는 4개이다.
④ 음의 유리수는 3개이다.
⑤ 유리수는 5개이다.

42 다음 설명 중 옳은 것은?

① 0은 유리수가 아니다.
② 양의 정수와 음의 정수를 통틀어 정수라 한다.
③ 서로 다른 두 정수 사이에는 무수히 많은 정수가 존재한다.
④ 자연수는 유리수이다.
⑤ 음의 정수는 분수로 나타낼 수 없다.

43 수직선에서 $\frac{17}{4}$에 가장 가까운 정수를 x, $-\frac{5}{3}$에 가장 가까운 정수를 y라 할 때, x, y의 값을 구하여라.

44 절댓값이 6인 두 수를 수직선 위에 나타낼 때, 대응하는 두 점 사이의 거리를 구하여라.

45 다음 수에 대한 설명으로 옳지 않은 것을 고르시오.

$-6,\quad \frac{9}{4},\quad -3.1,\quad 0,\quad -\frac{1}{2},\quad +\frac{8}{3}$

① 가장 작은 수는 -6이다.
② 절댓값이 가장 큰 수는 -6이다.
③ 가장 큰 수는 $\frac{8}{3}$이다.
④ 절댓값이 가장 작은 수는 $-\frac{1}{2}$이다.
⑤ 수직선 위에 나타내었을 때, 왼쪽에서 두 번째 수는 -3.1이다.

46 다음 중 옳은 것을 2개 고르시오.
① 음수의 절댓값은 0보다 작다.
② $\left|-\frac{2}{3}\right|=\left|\frac{2}{3}\right|$이다.
③ a는 음수, b는 양수이면 $|a|<|b|$이다.
④ 절댓값의 최솟값은 0이다.
⑤ $|a|=b$일 때, 유리수 a는 2개다.

47 수직선에서 두 수 a, b를 나타내는 두 점 사이 거리가 $\frac{18}{5}$이다. 두 수 a, b의 절댓값이 같다고 할 때, 유리수 b를 구하여라. (단, $a>b$이다.)

48 다음을 부등호를 사용하여 나타내어라.

(1) x는 -5보다 작지 않고 3보다 작거나 같다.

(2) x는 $-\frac{2}{3}$ 초과 1 이하이다.

(3) x는 10보다 크지 않다.

49 $-\frac{17}{3}$과 $\frac{19}{5}$ 사이에 있는 정수 중 절댓값이 가장 큰 수를 구하여라.

50 $|x|\le k$를 만족하는 정수 x의 개수가 27개일 때, 자연수 k의 값을 구하시오.

51 다음 중 계산 결과가 가장 큰 것은?
① $(+23)+(-27)$
② $\left(-\frac{1}{2}\right)+\left(-\frac{2}{3}\right)$
③ $(+11)+(-12)$
④ $\left(-\frac{5}{2}\right)+\left(+\frac{11}{5}\right)$
⑤ $(-3)+\left(+\frac{13}{6}\right)$

52 다음 계산 과정에서 ㉠~㉣에 알맞은 것을 구하여라.

$(-5.2)+(+9)+(-3.8)$
$=(+9)+(-5.2)+(-3.8)$ ← 덧셈의 (㉠)법칙
$=(+9)+\{(-5.2)+(-3.8)\}$ ← 덧셈의 (㉡)법칙
$=(+9)+($ ㉢ $)$
$=($ ㉣ $)$

53 다음 중 (가)에서 가장 큰 수를 x, (나)에서 절댓값이 가장 큰 수를 y라 할 때, $x-y$의 값을 구하여라.

(가) $-2.3,\quad -\frac{5}{4},\quad -5.1,\quad -\frac{11}{5}$

(나) $+2.7,\quad -3,\quad -\frac{19}{6},\quad +\frac{7}{3}$

54 다음 중 계산 결과가 옳지 <u>않은</u> 것은?

① $-3+2-(+7)+4=-4$

② $\left|-\frac{4}{3}\right|-3+\frac{1}{2}- -\frac{7}{6}$

③ $\left(-\frac{5}{4}\right)-\left(-\frac{3}{2}\right)+\left(-\frac{1}{3}\right)=-\frac{1}{12}$

④ $-3.5+\frac{17}{5}+1-\left|-\frac{3}{2}\right|=+2.4$

⑤ $-5.4+2.7+0.5-2=-4.2$

55 다음을 계산하시오.

$$-2+4-6+8-10+\cdots+48-50$$

56 $\frac{13}{4}$보다 3만큼 작은 수는 a이고 $-\frac{25}{8}$보다 $-\frac{3}{4}$만큼 작은 수는 b이다. a에 가장 가까운 정수를 x, b에 가장 가까운 정수를 y라 할 때, $x-y$의 값을 구하여라.

57 $\left(-\frac{11}{5}\right)+x=\frac{7}{15}$을 만족시키는 유리수 x의 값을 구하여라.

58 $\frac{9}{4}$에서 어떤 수를 더해야 하는데 잘못 보아 빼었더니 $-\frac{3}{2}$이 되었다. 바르게 계산한 답을 구하여라.

59 아래 삼각형 그림에서 각 변에 놓인 네 수의 합이 모두 같다고 할 때, $x-y$를 구하여라.

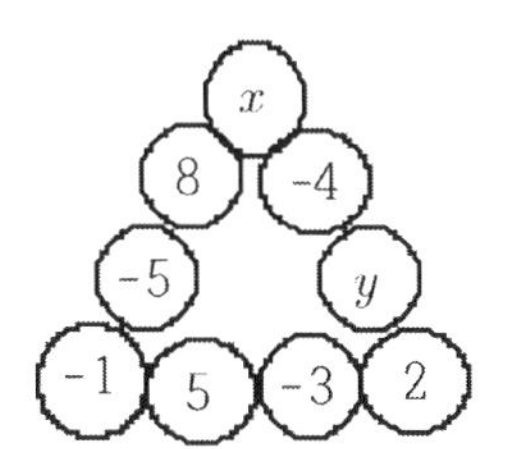

60 아래 그림에서 사다리 게임을 하려고 한다. 출발점에 있는 수에 이동하는 길에 있는 숫자카드 [3], [b], [c]의 수를 더하면서 이동하면 도착점에 있는 수가 된다고 할 때, $a+b-c$를 구하여라.

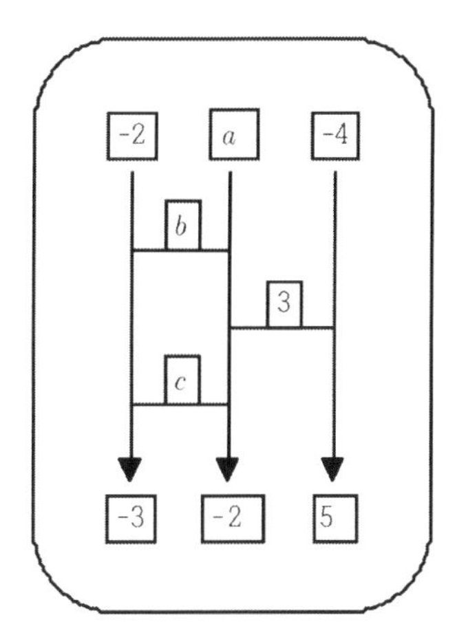

61 두 수 a, b에 대해 $|a|=5$, $|b|=9$일 때, $a+b$의 값 중 가장 큰 값을 P, 가장 작은 값은 Q라고 할 때, P와 Q의 차를 구하여라.

62 다음을 계산하여라.

(1) $\left(-\frac{2}{3}\right)\times(+0.9)$

(2) $(-6)\times\left(-\frac{5}{3}\right)$

(3) $(-0.5)\times\left(-\frac{5}{6}\right)\times\left|-\frac{3}{5}\right|$

(4) $\left(-\frac{4}{7}\right)\times\left(\frac{14}{5}\right)\times\left(-\frac{15}{8}\right)$

63 다음을 계산하여라.

$$\frac{3}{2}\times\left(-\frac{4}{3}\right)\times\left(\frac{5}{4}\right)\times\cdots\times\left(\frac{49}{48}\right)\times\left(-\frac{50}{49}\right)$$

64 다음 계산 과정에서 ㉠~㉣에 알맞은 것을 구하시오.

$$\left(-\frac{5}{3}\right)\times(-6)\times\left(-\frac{9}{10}\right)$$
곱셈의 (㉠)법칙
$$=\left(-\frac{5}{3}\right)\times\left(-\frac{9}{10}\right)\times(-6)$$
곱셈의 (㉡)법칙
$$=\left\{\left(-\frac{5}{3}\right)\times\left(-\frac{9}{10}\right)\right\}\times(-6)$$
$$= \boxed{㉢} \times(-6)$$
$$= \boxed{㉣}$$

65 $\frac{3}{4}$, $\frac{5}{6}$, $-\frac{3}{10}$, $-\frac{2}{3}$ 네 수 중에서 세 수를 뽑아 곱한 값 중 가장 큰 값과 가장 작은 값의 합을 구하여라.

66 $-2^3+(-1)^{99}-(-1)^{50}-(-3)^3$을 계산하여라.

67 다음 주어진 식에서 n이 홀수일 때 나오는 값을 a라 하고 n이 짝수일 때 나오는 값을 b라 할 때, $a-b$의 값을 구하여라.

$$(-1)^n+(-1)^{n+3}-(-1)^{n+1}$$

68 다음 식을 분배법칙을 이용하여 계산하여라.
(단, $98=100-2$라는 등식을 이용한다.)

$$35\times98$$

69 세 유리수 a, b, c에 대하여

$a\times b=\frac{7}{2}$, $a\times(b+c)=-1$을 만족한다고 할 때,

$a\times c$의 값을 구하여라.

70 오른쪽 전개도 그림을 접으면 정육면체가 된다. 만들어진 정육면체에서 서로 마주보는 면의 두 수가 역수일 때, $a\times b\times c$의 값을 구하여라.

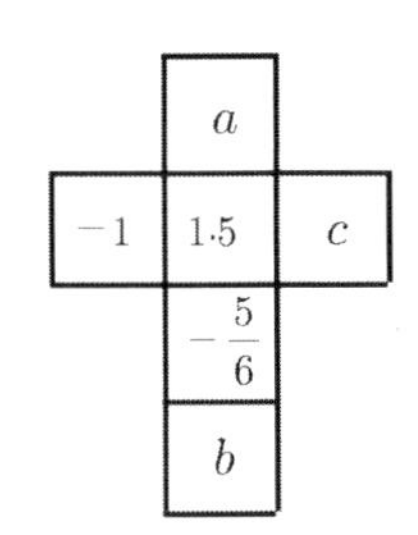

71 다음 식을 만족하는 유리수 A와 B가 존재한다.

$$A-B=\frac{3}{4}$$

이때 -2.5의 역수를 A, B의 역수를 C라고 할 때, $-23\times C$의 값을 구하여라.

72 -5보다 $-\frac{1}{2}$만큼 작은 수를 x, 3보다 $-\frac{5}{2}$만큼 큰 수를 y, $-\frac{5}{27}$의 역수를 z라 할 때, $x\div y\div z$의 값을 구하여라.

73 $a\neq b$, $|a|=|b|$이고 $|b|<|c|$, $a>0$, $bc>0$ 일 때 다음 중 옳은 것은?

① $a-b<0$, $a\times b<0$
② $a-b<0$, $b-c>0$
③ $a-b>0$, $a+c<0$
④ $b-c<0$, $a\div b=-1$
⑤ $a\times b<0$, $b+c>0$

74 다음 주어진 식을 각각 P, Q라고 할 때, $P\times Q$의 값을 구하여라.

$$P=(-2)^3\times\frac{7}{4}\div\frac{14}{3}$$
$$Q=-\frac{2}{5}\div\frac{11}{3}\div\left(-\frac{9}{10}\right)$$

75 $A=(-2)^3\div\left[\left\{\frac{7}{6}-(-1)^4\right\}\times\left(-\frac{4}{3}\right)\right]-36\times\frac{11}{12}$일 때, A와 절댓값이 같은 수를 구하여라.

76 다음 □ 안에 알맞은 수를 구하여라.

$$\left(-\frac{1}{3}\right)\div\square\times\left(0.5+\frac{1}{4}\right)=\frac{3}{5}$$

77 다음 □ 안에 알맞은 수를 구하여라.

$$(-6)\times\left(-\frac{3}{2}\right)^2\times\square\div\frac{9}{5}-3=-5$$

78 $a*b=a\div b+1$, $a\star b=2-a\times b$일 때, $\{42*(-7)\}\star\frac{11}{5}$을 계산하여라.

79 경민이와 유진이는 사탕 20개가 들어 있는 바구니를 각자 1개씩 가지고 있고 둘 사이에 빈 바구니 1개를 놓는다. 가위바위보를 해서 이기면 사탕 3개를 상대방으로부터 가져오고 비기면 사탕 1개를 빈 바구니에 넣는 게임을 하려고 한다. 이때 경민이가 3번 이기고 2번지고 1번 비겼다고 할 때, 유진이가 가지고 있는 바구니 안 사탕은 모두 몇 개인지 구하여라.

80 다음 중 옳은 것은?

① $a\div b\div 6=\frac{ab}{6}$

② $a\div(-5)\times b=-\frac{a}{5b}$

③ $a\times(b\div c)=\frac{ab}{c}$

④ $4\times a\div b=\frac{4b}{a}$

⑤ $a\div(b\div c)=\frac{ab}{c}$

81 다음 중 옳지 않은 것은?

① 소수점 아래 첫째자리 숫자는 x, 소수점 아래 둘째자리의 숫자는 y인 소수는 $0.1x+0.01y$이다.

② a분 b초는 $\left(a+\frac{b}{60}\right)$분이다.

③ 20개에 x원인 사탕 한 개의 가격은 $\frac{x}{20}$원이다.

④ $x\,m$와 $y\,cm$의 길이의 합은 $(x+y)cm$이다.

⑤ 한 판에 a개인 달걀 10판의 전체 달걀 개수는 $10a$개이다.

82 오른쪽 도형의 둘레의 길이와 넓이를 x와 y를 사용한 문자의 식으로 나타내어라.

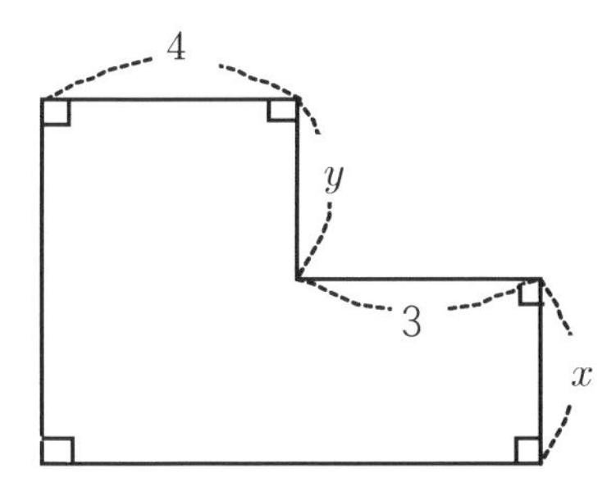

83 밑면의 가로가 $x\,cm$, 세로는 $y\,cm$, 높이는 $z\,cm$인 직육면체의 겉넓이와 부피를 x, y, z를 사용한 문자의 식으로 나타내어라.

84 추동 마을에서 출발하여 $x\,km$ 떨어진 옥룡중학교까지 시속 $10km$로 걸어갔다. 중간에 20분 동안 휴식을 취하였다고 할 때, 추동 마을에서 출발하여 옥룡중학교에 도착할 때까지 걸린 시간을 문자를 사용한 식으로 나타내어라.

85 다음을 문자를 사용한 식으로 나타내어라.

(1) 소금물 $200g$의 농도가 $x\%$라고 할 때, 소금물에 들어 있는 소금의 양

(2) 정가가 a원인 바나나를 25% 할인하여 구매하면서 지불한 금액

86 $a=-1$, $b=-2$일 때, 다음 중 식의 값이 가장 작은 것을 고르시오.

① $-a^2+b^2$
② a^3-ab
③ $-\frac{b^3}{3}-a$
④ $\frac{-a+b^3}{ab}$
⑤ $a^{99}-\frac{b^5}{8}$

87 $a=-\frac{1}{3}$, $b=-\frac{1}{4}$, $c=\frac{1}{5}$일 때, $\frac{1}{a}-\frac{2}{b}-\frac{3}{c}$의 값을 구하여라.

88 물 $20L$가 들어 있는 물통에 호스를 연결하여 1분에 $0.5L$씩 물을 빼내려고 한다. x분 후에 물통에 남아 있는 물의 양을 x를 사용한 식으로 나타내고, 12분 후에 물통에 남아 있는 물의 양을 구하여라.

89 다음 중 옳은 것은?

① $2x-7$은 단항식이다.
② $\frac{3}{x}+5$는 다항식이다.
③ $+5x^2-x-7$에서 차수는 $+5$이다.
④ $-\frac{x}{3}-10$에서 x의 계수는 $-\frac{1}{3}$이다.
⑤ 다항식 $x^2+2x-15$의 항은 x^2, $2x$, 15이다.

90 다음 중 일차식인 것을 모두 고르시오.

$-\frac{x}{2}-5$, $2x^2-5x-2$, $0.1a-1.5$
$0\times x^2+2x-5$, $\frac{4}{a}+10$, -8

91 다음을 간단히 하여라.

(1) $(6x-18)\div\left(-\frac{3}{2}\right)$

(2) $\left(-8x+\frac{3}{10}\right)\div\frac{4}{5}$

92 다음 식을 계산한 결과가 $-(2-6x)$와 같은 것은?

① $(1+3x)\times(-2)$
② $(12x-8)\div4$
③ $\left(x-\frac{1}{3}\right)\div\frac{1}{6}$
④ $(2x-1)\div\frac{1}{3}$
⑤ $(4-12x)\times\frac{1}{2}$

93 $-5x$와 동류항인 것은?

① $-5x^2$ ② $-5a$ ③ $-\frac{11}{8}x$ ④ $\frac{8}{x}$ ⑤ -5

94 $\frac{3}{4}\left(\frac{8}{5}x-\frac{32}{3}\right)-(3x-6)\div\frac{3}{2}$을 간단히 하였을 때, x의 계수와 상수항의 곱을 구하여라.

95 아래 그림에서 색칠한 부분의 넓이를 문자를 사용한 식으로 나타내어라. (단위 cm)

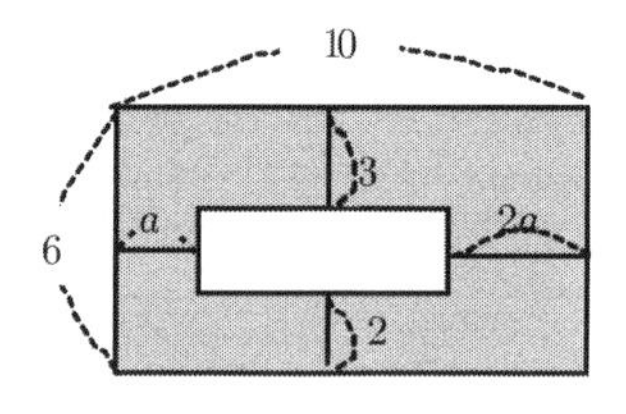

96 다음 식을 간단히 하여라.

$-2(x-3)-\left\{7-(10x-4)\times\frac{1}{2}\right\}+(18x-5)\times\left(-\frac{1}{6}\right)$

97 $3\left(\frac{2x-5}{3}-\frac{x-3}{2}\right)+(3x-2)\div\frac{2}{3}$를 간단히 하여라.

98 $A=-5x+2$, $B=7x-6$일 때, $-2(B-A)+3B$를 계산하여라.

99 주어진 식 $2(-5a+3)-\square=-2a-7$에서 □ 안에 들어갈 알맞은 식을 구하여라.

100 어떤 다항식에서 $-10x+\frac{1}{2}$을 더해야 하는데 잘못 보아서 뺄셈을 하였더니 $4x-\frac{1}{2}$이 되었다. 바르게 계산한 답을 구하여라.